U0209056

"国防重器及战例集萃"丛书编委会

主　编　王景堂　肖裕声

副主编　曹卫东　刘　波　王　林

　　　　夏延献　刘济华　崔树森

　　　　王　维　刘　娜　寒　雪

国家出版基金项目
NATIONAL PUBLICATION FOUNDATION

国防重器及战例集萃·国防重器

平战结合的空中骄子

歼击机

主　编　王景堂　肖裕声

副主编　王　林　刘济华　寒　雪

编　著　寒　雪　王铜柱　张鹏鹏

北方联合出版传媒（集团）股份有限公司

辽海出版社

图书在版编目（CIP）数据

平战结合的空中骄子——歼击机/王景堂，肖裕声
主编.—沈阳：辽海出版社，2021.12
ISBN 978-7-5451-6066-6

Ⅰ.①平… Ⅱ.①王…②肖… Ⅲ.①歼击机－世界
－青少年读物 Ⅳ.①V271.4-49

中国版本图书馆CIP数据核字(2021)第247502号

出 版 者：北方联合出版传媒（集团）股份有限公司
　　　　　辽 海 出 版 社
　　　　　（地址：沈阳市和平区十一纬路25号 邮编：110003）
印 刷 者：辽宁新华印务有限公司
发 行 者：北方联合出版传媒（集团）股份有限公司
　　　　　辽 海 出 版 社
幅面尺寸：170mm×240mm
印 　 张：10.25
字 　 数：185千字
出版时间：2022年3月第1版
印刷时间：2022年3月第1次印刷
责任编辑：郎晓川
特约编辑：王庆芳
封面设计：方加青
版式设计：方加青
责任校对：林明慧

书 　 号：ISBN 978-7-5451-6066-6
定 　 价：60.00元

购 书 电 话：024-23285299
市场营销部：024-23261806
网 　 　 址：http://www.lhph.com.cn
版权所有，翻印必究
法律顾问：辽宁普凯律师事务所 王 伟
如有质量问题，请与印刷厂联系调换
印刷厂电话：024-31255233
盗版举报电话：024-23284481
盗版举报信箱：liaohaichubanshe@163.com

以文弘道，止戈为武

中华民族是一个热爱和平的民族，自古就有"和为贵"的传统，以"大同天下、和睦共处"为理想。中华民族又是一个尚武的民族，自古就有文治武功的愿景，以文弘道，止戈为武。说到底，"尚武"的目的还是为了"止戈"，即争取和平。

中国几千年的历史，就是和平与战争并存的历史。先人们为了民族的繁衍生息，被迫与入侵者争战疆场，秦修长城为固边，汉御匈奴为安居……和平来之不易，武备不稍松懈。

进入近代以来，中华民族屡遭磨难。西方列强凭借坚船利炮，破我国门，杀我同胞，掠我金银。百年屈辱，号天不灵，只缘自身不硬。在苦难中，多少仁人志士奋起抗争，前仆后继，青史留名。历史的拐点，始于中国共产党的诞生。它高举马列主义大旗，实践武装革命，推翻三座大山，建立中华人民共和国，开启了民族复兴的征程。如今，四十多年改革开放让我们的国家走向强盛。但世界仍不太平，霸权主义阴魂不散，恐怖袭击搅得世界不宁。我们的社会主义事业需要和平安宁的外部环境，然而和平并非唾手可得。我们主张通过谈判解决争端，但是，霸权主义、强权政治往往只考虑自身利益，而置世界和平于不顾。面对挑战，我们只有顽强抗争才能维护自己的主权和发展利益。毛主席曾提出"人不犯我，我不犯人；人若犯我，我必犯人"的自卫原则，这是中国人民对待战争的态度。

要赢得战争，就得有实力。实力从何而来？习近平主席曾指出：一个国家是否强大不能单就经济总量大小而定，一个民族是否强盛也不能单凭人口规模、领土幅员多寡而定。近代史上，我国落后挨打的根子之一就是科技落后。就是说，科技在某种程度上可以决定国家的实力。同时，习主席强调："重大科技创新成果是国之重器、国之利器，必须牢牢掌握在自己手上，必须依靠自力更生、自主创新。"他还说："科技兴则民族兴，科技强则国家强。""只有把核心技术掌握在自己手中，才能真正掌握竞争和发展的主动权，才能从根本上保障国家经济安全、国防安全和其他安全。"这就给我们指出了增强国家实力的良方。要发展科技，就必须增强全民的科技意识，而其中的关键是培养和造就科技人才。

鉴于此，辽海出版社邀请军事、科技专家组建"国防重器及战例集萃"丛书编委会，组织编写军事科普读物18种，从国防重器，如航母、潜艇、轰炸机，到重要的常规武备，如坦克、火炮、装甲战车等，作了通俗而详尽的介绍。应当指出，丛书主要介绍了国外装备，然而他山之石，可以为我攻玉。这套丛书可以成为青少年增强科技意识、发扬尚武精神的好读物，从而为国家培养军事科技人才打好科普基础。

青少年朋友们，你们是祖国的未来、民族的希望，也是建设和保卫中国特色社会主义事业的可靠力量。中国人民站起来了，富起来了，但真正强大起来还得靠你们。你们使命光荣，任重而道远。愿你们奋发振作，努力学习，敢于创新，勇攀科技高峰，使自己成为能文能武、能征善战的时代英雄。我们诚心地将这套军事科普丛书献给你们，聊作你们新长征路上的一点给养。

青少年朋友们，努力吧！

王景堂

2020年10月1日

　　歼击机，又名战斗机，是用于在空中消灭敌机和其他飞航式空袭兵器的军用飞机，在第二次世界大战期间曾广泛被称为驱逐机。

　　作为现代空军的重要装备，歼击机为保卫一国领空不受侵犯建立了不朽的功勋。和平年代，它是巡弋蓝天的坚强卫士；战争时期，它是杀向敌阵的卫国尖兵。可以毫不夸张地说，歼击机是真正意义上平战结合的空中骄子。

　　和其他空军装备一样，歼击机同样走过了自己的艰难历程：从用手枪、步枪、机枪在空中互射的歼击机雏形到螺旋桨式有固定向前射击武器的歼击机；从首批采用喷气式发动机的歼击机到追求高空高速的超声速歼击机；从最初配备雷达和导弹的歼击机到拥有超视距作战能力的多用途歼击机。几十年来，随着科技的进步，歼击机的性能不断提高。21世纪初，世界空战进入新的境界，具备隐身性能、超声速巡航、超机动性和网络作战能力的歼击机的诞生，为世界航空领域揭开了划时代的新篇章。

　　在第一次世界大战期间，飞机或用于战场上空侦察，或用于指引炮兵射击目标。随后就出现了用飞机来阻止敌机执行任务的战斗行动，形成了空中的对抗。最初是飞机后座的射击手用步枪和机枪在空中与对方相互射击。1915年，德国空军研制出福克E1飞机，装有射击协调器，机枪安装在机身头部，驾驶飞机和射击都由飞行员来完成。这种飞机的产生，从本质上改变了空战的模式，提高了飞机的空战能力。经过几十年的研究和实践，歼击机在

气动外形、动力装置、航电设备、武器装备和火控系统诸方面不断地改进和发展，拥有了优异的空战和对地、对海攻击能力。

相对于战略空军的轰炸机，歼击机属于战术空军的一型机种。其首要任务是展开空战，争夺制空权；其次是重要目标地点的防空，拦截敌方轰炸机、对地攻击机和巡航导弹等。此外，它还是为己方军用飞机护航和执行对地、对海攻击的首选装备。

歼击机的实战效能十分突出。从第二次世界大战到朝鲜战争、越南战争和海湾战争，处处都可见到歼击机决战沙场的身影。在海湾战争中，美国空军在实战中使用F–15、F–16战机，执行了战略进攻、夺取制空权、压制敌方防空武器、实施空中遮断等任务，是"沙漠风暴"军事行动中的一大主力装备。1992年12月27日，一架在伊拉克南部美军所设"禁飞区"飞行的伊拉克米格–29战机，被美军一架F–16C战机采用AIM–120空空导弹超视距击落。此事，开启了现代信息化空战的先河，并成为一种全新的作战模式。

随着现代军事作战理论和军用技术的发展，歼击机在现代战争中，将更加不可或缺。放眼世界，几乎所有国家都在不惜重金研发（或者参与研发）技术先进、作战能力强的歼击机，以凭借现代科技抢占制高点，而不同军事大国的歼击机可谓八仙过海，各显神威。

在大力提倡爱军习武，发扬尚武精神的形势下，为增强普通民众的国防意识，满足军事爱好者和广大青少年朋友了解世界武器装备的渴求，我们组织军内外专家，精心编写了《平战结合的空中骄子——歼击机》一书。

本书分八章，从歼击机的起源与发展历程开始，选取全球著名的第一至第五代共26种歼击机机型，分别介绍它们的研发背景、制造过程、结构特点和突出性能等，确保读者通过本书的阅读，纵观该装备历史风云，一览歼击机发展全景。

Chap. **1**

第一章　峥嵘岁月：初露锋芒的蓝天新贵

Chap. **2**

第二章　火力起底：样式多元的攻击手段

Chap. 3

第三章 雏鸟展翅：第一代歼击机

Chap. 4

第四章 鸟枪换炮：第二代歼击机

Chap. 5

第五章 奋翅鼓翼：第三代歼击机

Chap. 6

第六章 战后中坚：第四代歼击机

Chap. 7

第七章 标新立异：四代半歼击机

Chap. 8

第八章 鸿鹄高飞：第五代歼击机

峥嵘岁月：初露锋芒的蓝天新贵

第一章

歼击机，最早出现在第一次世界大战中，平时担负侦察、火炮校正、运输等辅助任务。接战中，双方以手枪、步枪、机枪等武器相互攻击。尽管这种打击手段看起来落后笨拙且五花八门，但却开了真正意义上"空战"的先河。而作为主角的歼击机，更成为初露锋芒的蓝天新贵。

Chap.1

歼击机通俗地说也称战斗机，是带有武器装备用于在空中消灭敌方飞机和其他飞航式空袭兵器如巡航导弹等的军用飞机。在第二次世界大战时期因其驱逐敌机之用，曾广泛称之为驱逐机。

军用飞机最早出现在第一次世界大战时期，主要负责侦察战场敌情、校正火炮射击方位和距离等辅助任务。为了阻止敌方执行上述任务，随后另一方出动飞机来阻扰，双方在空中形成了对抗。在战时，敌对双方相遇，展开交战。最初只是后座的射击手用手枪、步枪和机关枪在空中相互射击，试图击落飞机或者是击伤、击毙飞行员，使其失去战斗力。从此，人类第一次将战场拓展到了天空。1915 年，德国研制出福克 E1 飞机，机关枪固定在机身头部，这种机关枪装有射击协调器，射击时子弹从机头的螺旋桨旋转面穿越而不会击中旋转叶片。从此，驾驶飞机和射击由以前二人完成改进为由飞行员独立完成，后座的射击手被取消。德国福克 E1 飞机的出现，领先于世界各国，空战模式从本质上得到改变，飞机的空战能力显著提高。从此，以福克 E1 为标准，机关枪固定在机头的典型布置形式确立。

歼击机在第一次世界大战时期还处于萌芽期，结构多以木材加上布料蒙皮构成，飞机机翼有单翼的、有双翼的，也有三翼的，主要武器大多由陆军使用的轻机枪改装而来。有一段时间德军使用飞艇在英国上空侦察英军城市的布防，德国飞艇飞行较慢，受到了英军火箭的攻击。一战中飞机刚投入战场，早期用比较原始的方法攻击地面目标。由飞机上的射击手使用由手榴弹或者是小型炮弹改装而来的炸弹，以肉眼瞄准的方式投掷释放。由于飞机在运动中，只能估计投掷提前量，因而不可能准确投掷，破坏力较低。

1915 年，法国的莫拉纳·索尔尼爱 L 型飞机装上了固定机枪。4 月 1 日由王牌飞行员罗兰·加洛斯驾驶，与一架德国侦察机相遇将其击落，取得了飞机投入战场以来的第一次空战胜利。罗兰·加洛斯成为第一名能单独驾驶飞机进行空战的飞行员。随后，德国的福克 E3 式（外号"信天翁"）

装备了性能更先进的射击协调器，以其精准而猛烈的火力，成为第一次世界大战中飞行性能最出色和攻击性能最强的战机。福克 E3 式出现后一段时间，击落了大量协约国飞机，被协约国称为"福克式灾难"。

第一次世界大战后期，歼击机的雏形已基本形成：以小型机为主，强调灵活机动，有向前射击的固定武器。至第一次世界大战结束时，歼击机的发动机功率达到 169 千瓦，飞机重量接近 1 吨，最大飞行速度为 200 千米 / 时左右，最大升限达 6 千米，固定武器是 7.62 毫米的机关枪。当时性能优秀的飞机有德国的福克 D 型和 E 型、法国的 Spad 以及英国的 S.E.5 等。

第一次世界大战结束后，各国开始减少国防工业的投资，裁减军备、休养生息。民用航空在这一时期的发展突飞猛进，带动航空理论与技术的发展与成熟，带来 20 世纪 30 年代后期军用航空技术的快速发展。

总体来看，20 世纪 30 年代中后期，世界各国最先进的歼击机的设计特点是机身结构与外壳以金属为主，螺旋桨式发动机，机翼为单翼，后三点收放式起落架；发动机采用液冷式设计的多于采用气冷式设计；武器配置由 7.62 毫米的轻机枪提升至口径为 12.7 毫米以上的重机枪或者是口径 20 毫米以上的机炮。

第二次世界大战时期，歼击机的重量达 6000 千克，使用活塞式航空发动机，功率达到 1470 千瓦，飞行高度达 11 千米，最大速度已达 700 千米 / 时。机载武器由重机枪发展到 20 毫米以上的航空机炮或空对空火箭。当时发明了能作前置量计算的陀螺光学瞄准系统，装配在飞机上，使飞机对地攻击更为准确。第二次世界大战期间著名的歼击机有德国的 Bf-109、Fw-190，英国的喷火式战斗机，日本的零式、KI-43，美国的 P-47、P-51、F4U、F6F，苏联的雅克 -3、拉 5 等。

可以说，第二次世界大战时期，是歼击机发展的一个小高峰，并且为开启另外一个时代吹响了号角。以下数据可以说明：短短几年的空间鏖战，歼击机发动机的动力突飞猛进，从几百匹马力直升到 2000 匹马力以上；而速度也水涨船高直升至接近声速的区域。这些变化，自然带来飞机航程跨越 3200 多千米，最高升限达到约 12.19 千米。

尤其是第二次世界大战末期，德国率先研发喷气式歼击机，开启了使用喷气式歼击机的先河。该飞机最大飞行速度达 860 千米 / 时。喷气式发动机和雷达设备的使用，预示着下一代歼击机的发展方向。从此，喷气式发动机代替了活塞式发动机。随着喷气式发动机的使用，歼击机的飞行速度和高度大幅提升。

事实上，就在战后不久，苏联、美国等几个大的战胜国，基本成为纳粹德国飞机技术研究成果的最大受益者，从而为本国的第一代喷气式歼击机发展奠定了基础。

朝鲜战争爆发后，第一代喷气式歼击机正式投入实战，喷气式歼击机取代了螺旋桨式歼击机，标志着喷气式时代开始。

在20世纪50年代初的抗美援朝战场上，中国人民志愿军空军使用的苏制米格-15与美国的F-86"佩刀"进行博弈，首次出现了喷气式歼击机鏖战蓝天的壮观场面。这两种飞机都采用后掠翼气动布局，飞机重量约5吨，机载武器为20毫米机炮。最高飞行速度都是高亚声速（0.9马赫，约1100千米/时），飞行高度15千米。战场上这两种飞机可谓棋逢对手、各有胜负。1954年朝鲜战争结束后，喷气式歼击机得到长足发展。歼击机的动力系统发生质的飞跃，带加力燃烧室的涡轮喷气发动机的运用，使发动机的推力大幅提升，歼击机的速度很快突破了声障，首次实现超声速飞行。武器装备由单一的机炮加装了火箭和导弹，并配备了装有雷达测距器的瞄准系统，作战效能得到有效提高。

20世纪60年代初，世界各国开始追求高空高速，歼击机的最大飞行速度已经达到或超过两倍声速，机载武器装备已经从航炮、火箭等低端武器发展为更加智能的空对空导弹。这一时期具有代表性的歼击机有美国的F-104、苏联的米格-21、法国的幻影Ⅲ和瑞典的SAAB-35等。

20世纪60年代中期，追求高空高速达到极致，以苏联的米格-25和美国的YF-12为代表的歼击机的速度超过三倍声速，作战高度约23千米，重量超过30吨。但是从20世纪60年代后期的越南战争、中东战争和印巴战争的实战表明，这两种超高声速歼击机在实战中派不上用场。超声速歼击机争夺制空权的战斗大多是在中、低空，跨声速区间进行的。空战要求战机具有优异的机动性，即转弯半径小、加减速和爬升快等性能优良，在空战中依靠卓越的机动性而占据有利位置。装备的武器则是机炮和导弹并重。此后，新出产的歼击机不再刻意追求高空高速，而是在改善飞机的机动性能、完善航电设备、改进武器和火控系统等方面下功夫。

尽管如此，但在冷战十分激烈的大环境下，另一种空战武器——地对空导弹已经初步成型。于是，不少人认为，这可是天赐良机，应该放下对歼击机的执念，全心投入对导弹的研发。然而，那时的美国却不改初衷，一直充当歼击机的"迷妹"。

所谓吃一堑长一智，或许是美国大兵们在越战的崇山峻岭和复杂地形中体会出的切肤之痛，让美国军界对"机动性"三个字太过渴望，他们极力贬损导弹的机动效能，并借着导弹初创期在卫星导航、电子侦察等支援手段的弊端，多次以"如果没有地面人员的引导，所谓的导弹只是一个个'睁眼瞎'"之类的语言对导弹的研发进行诋毁，同时，针对"性能决定空战胜负"的空洞理论予以嘲讽。

由此，美国对于后来自己的歼击机制造，完全定格为"不管白猫黑猫，机动灵活就是好猫"。以至于向"机动性"看齐，"机动性"就是高效率、"机动性"就是战斗力等说法甚嚣尘上。

有了美国口号的导向性加持，各国纷纷效仿，并争先恐后地也搞起了向机动要效益"工程"。于是乎，随控布局、垂直起降以及各种能增加机动性的大推力发动机和不甘被冷冻的具备一定"先进性"机载电子系统的空对空导弹武器，全都裹挟着"机动性"几个闪闪发光的大字，催生出许多型号不同、个性不一的歼击机来。

仅美国一家就先后列装了 F-14、F-15、F-16、F/A-18，而这一时期的苏联以及随后脱胎于苏联的俄罗斯也拥有了自己的 SU-27、MIG-29 等。

这里不得不说的便是近年来闻名世界的隐身歼击机。其实，所谓隐身歼击机，并不是肉眼看不见的飞机，而是在机身外形、涂料和相关设备等方面动了"手术"，做了特殊处理，使之对敌方空警戒雷达、远红外探测等现代空中搜索装置形成屏障、难以发现。

有了此类"包装"的歼击机一可隐蔽接敌，从而形成强大心理震慑；二可远距离甚至是超远距离地打击对方，达到出其不意的攻击目的。目前世界上最先进的几款歼击机有美国的 F-22、F-35，俄罗斯的 Su-57，还有我国的歼 -20 等。

似曾相识的歼击机家族

相对于战略空军的轰炸机，歼击机属于战术空军的机种。

起初歼击机分为制空和截击两种机型，后来不再发展专用截击机。制空歼击机通常中、低空机动性好，装备机炮和中、近程空对空导弹，通过中距空中格斗，近距离缠斗击落敌机以获得空中优势，夺取和维持制空权。截击歼击机要求具有高空高速性能，其主要任务是快速升空之后争取高度，截击敌方轰炸机。由于截击歼击机是针对高空飞行的轰炸机群，在设计上特别强调对速度与爬升率的需求。

歼击机按用途大致可分为以下五种：

1. 制空歼击机（前线歼击机），这是各国空中格斗的主要飞机。

2. 截击歼击机，速度快，爬升快，航程、续航能力相对较短，少量配置。

3. 护航歼击机，载弹量大，续航能力强，过载机动性能突出。

4. 歼击轰炸机或称战斗轰炸机、战斗攻击机。主要用于战术进攻，突击敌战役战术纵深内的目标，摧毁敌方高价值目标，或者执行战略武器投放任务，具有空战自卫能力。

　　5.联合歼击机（多用途歼击机）。该型战机大多性能优异，适用于绝大部分空战要求及空中作战任务。

　　歼击机的分代原则主要有三个：

　　1.歼击机的分代标准相对统一，应以技术最先进的典型歼击机作为"标杆"，确定分代的标准。

　　2.各代歼击机之间的主要技术性能和作战效能有大幅度的提高。也就是下一代歼击机比上一代明显"高出一个台阶"，而非指性能特点有所不同、技术水平有所改进，就算"更新换代"了。

　　3.换代飞机主要是一个时期的主力战机，有一定规模的装备数量并经过若干批次考验。一些试验性的飞机不能作为换代飞机。

　　总体而言，歼击机最明显的特点是体积小、速度快、机动性强等。随着现代军事作战理论和军用技术的快速发展，歼击机在现代战争中愈发起着至关重要的作用。全球几乎所有航空强国往往都不惜巨资在歼击机的技术优化、作战能力上大做文章。特别是第二次世界大战结束后，随着航空业的不断进步，采用喷气发动机的歼击机的发展日新月异，不断涌现出了一代又一代性能日趋先进的歼击机。

到目前为止，国外大致将喷气式歼击机的发展分成了五代：

第一代歼击机是指 1944 年至 1954 年出现的第一批采用喷气发动机的歼击机。典型机型有第二次世界大战末期德国的梅塞施密特 Me262 和英国的格罗斯特"流星"FI，以及美国的 F–80、F–86、F–100，苏联的米格 –15、米格 –17、米格 –19 等。这一代歼击机最高飞行速度在高亚声速至超声速区间。

第二代歼击机是指 20 世纪 50 年代中期至 60 年代初研制的歼击机。代表机型有美国 F–104、F–5，苏联米格 –21、苏 –7/–9，英国"闪电"。这一代歼击机追求高空高速，最高飞行速度超过二倍声速。

第三代歼击机主要是指 20 世纪 60 年初至 70 年代初出现的歼击机。如美国的 F–4 歼击机，该机原先计划作为海军专用的一种截击机，但后来几经改造，成了美军一款多用途歼击机，被美国海军、空军、海军陆战队和盟军广泛使用。该机是 20 世纪 60、70 年代唯一一种同时被美国陆海空三军使用过的战机，是第三代歼击机中成功的典范。其他第三代歼击机还有苏联的米格 –23、英国的"鹞"式歼击机、法国的"幻影"Ⅲ等。

为应对歼击机研制成本的日益增长，受 F–4 所取得的巨大成就的启发，20 世纪 70 年代中期至 90 年代初，多用途歼击机因实用性强而变得非常流行，这段时期研发的歼击机称为第四代歼击机。第四代歼击机的设计特点是广泛采用电传控制和飞控稳定性设计，使用第四代航空发动机。第四代歼击机既具有超视距作战能力又具备近距格斗功能。第四代歼击机较典型的机型包括美国的 F–15、F–16、F/A–18，苏联的苏 –27、米格 –29、米格 –31，英国的"狂风"战机以及法国的"幻影"2000 等。

随着现代科技的高速发展，许多新技术应用到航空领域，推动航空技术的快速发展，由此歼击机还可划分出一类四代半战机。四代半歼击机主要是现役的最新歼击机，其换代特点是气动技术虽不明显，但大量植入了当代微芯片和半导体设备，从航电和其他飞行电子系统进行了分层式调整、改进，并采用了一定的隐身设计。

这类飞机较典型的机型有美国的 F/A–18E/F"超级大黄蜂"。它是 F/A–18 的升级型，虽然气动特性基本换汤不换药，但其先进的航电系统、玻璃座舱、固态有源相控阵（AESA）雷达和新型发动机、机体复合材料等结构性变化，都较第四代飞机提升显著。

➤ 苏 −34 战斗轰炸机

➤ F−35B 战斗机

除此以外，其他可以归入四代半歼击机的还有英国、德国、意大利、西班牙四个国家联合研制的"台风"，法国的"阵风"，瑞典的JAS-39，俄罗斯的米格 –35、苏 –30/–33/–34/–35/–37，美国的 F–15E 和 F–16 第 50/52 批次之后的飞机。

第五代歼击机是目前全球最先进的一代歼击机，具备超声速巡航、低可探测性、超机动性和网络作战能力以及使用维护简便等特点。飞机采用内置弹仓的隐身设计，同时还带有飞行员工作载荷降低、战场感知能力提高等全新的综合机载航电系统。目前第五代歼击机有美国的 F–22 和 F–35 以及俄罗斯的 Su–57。

各显其能的机型机种

歼击机是航空兵作战的主要机种，属于战术空军的一种，首要任务是与敌方歼击机进行空战，夺取空中优势（制空权）；第二是要地防空，拦截敌方轰炸机群、强击机、巡航导弹等；第三是执行对地、对海攻击任务；第四是为己方军用飞机护航。

进入新的世纪，随着军事作战理论的不断深入和军用技术的全面发展，歼击机在现代战争中的作用越来越重要，主要表现在实施战略进攻、争夺制空权、摧毁防空武器、实行空中遮断等。现代歼击机具有飞行性能优良、机动灵活、火力强大等特点，多配备各种搜索设备和火控雷达，能全天候全方位攻击所有空中和地面目标。

1. 主要性能

歼击机的性能体现在飞行速度、升限、爬升率、机动性及武器装备等方面。由飞机的外形气动布局、动力装置、机载设备、武器装备和火控系统等因素决定。在第一次世界大战期间，歼击机的雏形基本形成，是在飞机上安装机枪进行战斗，其速度慢、机动性差、武器装备落后。几十年来，随着时代的发展和科技的进步，歼击机的性能不断提高。为了获得优异的空战能力，歼击机在气动结构、动力系统、航电设备、武器装备和火控系统等方面不断创新和发展。

2. 设计理念

驾驶舱设计：要求驾驶舱视野广阔，弹射器安全可靠。为扩大驾驶员视界，歼击机采用水泡形座舱；弹射器即使在地面高度也能保证将飞行员弹射到足够的高度，以确保飞行员的安全。

操纵系统：要求操作灵活便捷。飞机操纵系统在数字式电传操纵的基础上采用主动控制技术，以此提高操控的灵活性。

推重比大：歼击机在空战中的推力普遍大于重力（即推重比大于1）。飞机推重比越大，加速性能越好，飞行速度越快。现代歼击机多采用小涵道比的加力涡轮风扇发动机，加力推力大，不加力工作时耗油少。

机翼设计：为确保飞机在亚声速、跨声速、超声速范围内飞行时都有较小的阻力，飞机普遍采用中等后掠角，中等展弦比并带前缘连条的薄机翼，或是采用三角形薄机翼。

➤ 米格-31 歼击机

3. 武器装备

（1）机炮：现代歼击机普遍装有20毫米以上口径的航空机关炮。

（2）导弹：同时携带多枚雷达制导导弹和红外跟踪的近距格斗导弹。

（3）炸弹：可携带2～3吨航空炸弹（包括命中率很高的激光制导炸弹等）或其他对地攻击武器。

4. 航电系统

飞机上装有用数字计算机控制的航空飞行控制系统，它由有下视能力的脉冲多普勒雷达、惯性导航系统、大气数据计算机等组成，可与通信导航识别综合系统和电子对抗系统交联。

飞行员可通过平视显示器、下视仪和多功能显示器获得敌我机参数的信息。火控系统控制和管理导弹、机炮和炸弹的瞄准、发射和投放。

➢ 未来机载激光武器作战想象图

火力起底：样式多元的攻击手段

第二章

Chap.2

现代歼击机的固定武器为航空机关炮，对空作战时可携带雷达制导的中距拦射导弹和红外跟踪的近距格斗导弹；对地攻击时可携带空对地导弹、航空炸弹（包括命中率很高的激光制导炸弹等）或其他对地攻击武器；对海作战时可挂载反舰导弹等。

近战佩刀：机炮

　　机炮，也称航炮，通常情况下是指装在航空作战单元上的口径大于或等于20毫米的自动射击武器，能自动完成一系列完整的射击动作，特点归纳起来就是射速快、易操作、整体性强等。

　　机炮根据其基本结构形式可划分为转膛式和转管式。转膛炮广泛使用于一些西欧国家，但英国是个例外，英国主体机炮是转管炮。

　　1.转膛炮。转膛炮的结构可以参照我们熟识的左轮手枪，具备多个弹膛。德国在第二次世界大战末期，为了提高射速从而达到更高的作战水平而研发出这样一种炮型结构，并广泛运用于实战。资料记载的最早使用的转膛类机炮是该国的毛瑟MG213型航炮。该型武器的基本特点就是弹膛旋转，基本工作原理是将武器从装填弹药到完成击发并且抛壳等射击动作

➤ 歼击机机炮安装位置

➤ *移管旋转的转管炮*

分开，依次进行，该型武器只有一个炮管，但是有多个弹膛，并且在射击过程中炮管不转，多个弹膛以转轮为中心依次转到与炮管对接的发射位置。虽然不能多个弹膛同时击发，但在一个弹膛击发的瞬间，其余弹膛在下一次击发前可以完成除击发以外的所有动作。由于将动作拆分交错进行，大大缩短了除射击以外其他动作的时间，从而提高了机炮的工作效率，战斗力明显提升，相对于其他类型的依次进行各项动作的自动武器，转膛类机炮的优势是显而易见的。

现在飞机上装备的转膛炮，炮管数量多数是单管，也有一些装配的是双管，而弹膛一般择 4 ～ 8 个不等，一般普遍采用 4 或 5 个弹膛。尽管分为单管和双管，但是两者的工作原理是一样的，双管可以理解为将两个单管组合到一起，获得双倍火力，但是两者互不影响。

2. 转管炮。转管炮的结构类似"加特林"，这种火炮与转膛炮的工作机制刚好相反：在射击过程中，转膛炮是一个炮管多个弹膛旋转，而转管炮则是一个弹膛多个炮管依次旋转。这种火炮一般都是电发火式，它的每

➢ 机载转膛炮

个炮管依次独立完成从进弹到抛壳的全过程。

转膛炮的射速很高，单管转膛炮射速高达 1200～1800 发/分，结构清晰，操作简单；与转管炮相比，它的优势在于重量更轻，体积更小，装载更为轻松，但存在的缺陷就是膛管和转轮之间密封性较差；长时间射击转轮会迅速升温，提高机炮内部温度，最终会导致膛内弹药受热燃烧爆炸，带来意想不到的后果；同时转膛炮还要求弹膛旋转要有很高的稳定性，以保证弹膛和炮管的精准对接。

转管炮的射速相对更高，还可以通过调节马达转数来改变射速；炮管高速旋转时可采取多种冷却措施，另外由于火炮有能源保障，所以可靠性很高，工作起来连续性很强，不会中途哑火，但这种火炮的主要缺点是能耗多，而且占有体积大，重量大，对飞机机动性有一定影响。

对地武器面面观

空对地导弹是一种从空中平台发射，用以对地面（或水面）目标进行攻击的弹种，是航空兵对地攻击的主要武器之一。与航空炸弹、航空火箭弹等武器相比，空对地导弹具有方便携带，毁伤概率高，机动性强，隐蔽性好等特点。可从敌方防空武器射程以外发射（称为防区外导弹），便于降低地面防空火力对载机的威胁。其缺点是造价高，使用维修复杂。

导弹是在火箭基础上发展而来的，第二次世界大战期间，德国率先研制出导弹。1944 年底，德国人将飞航式 V-1 导弹装在改进型 He-111 轰炸机上发射，对英国发起攻击，因而德国人成为现代空对地导弹的先行者。第二次世界大战结束后，军事大国借鉴德国发展导弹的经验，研制并装备了种类繁多、用途各异的空对地导弹，到目前为止各国研制的空对地导弹已有三代。空对地导弹的分类方法较多，可按用途、射程、制导方式、飞行轨迹等进行分类，如按用途分类可分为战略与战术两种。前者通常携带核弹头，通过战略轰炸机和歼击轰炸机，执行核打击或者核报复任

➤ 已经发射的飞航式 V-1 导弹

务；后者以常规导弹为主，多通过歼击轰炸机、攻击机或直升机，对地面目标实施战术攻击。因此，在世界已发生的绝大部分战争中，战术空对地导弹往往是各国空军对地攻击的常备弹种。战术空对地导弹包括反辐射导弹、空对地反坦克导弹、一般空对地导弹和制导炸弹。反辐射导弹专门用来攻击地面雷达和舰载雷达；一般空对地导弹执行战场压制、截断以及攻击重要目标的任务。

防区外的撒手锏：隐身导弹

防区外导弹是指可以在敌方的防空火力圈以外发射，然后载机安全脱离，导弹去执行攻击任务的导弹。防区外导弹是歼击机的武器装备之一，该弹种具有反应灵，精度高，射距远的特点，其射程一般可达 500 千米，命中精度 3 米，有些还具备良好的抗干扰能力和雷达隐身性能。由于其多执行指挥控制、情报通信等高价值目标的打击任务，因此，弹头摧毁效能极高。在这类武器中，除美、俄等国家研发投入较大外，亚欧等地区不少国家也加紧研制。

1998 年 4 月，美国波音公司与洛克希德·马丁公司作为承包商进行"联合空对地防区外导弹"的研制。该武器于 2010 年研制成功，现已成为美国应对突发事件的一种有效手段。它不仅可从对方防空区域以外发射，而且具有隐身性好、射程远、精确度高和通用性强等特点。其精确打击能力足以摧毁绝大多数高价值目标。

脱胎于"鱼叉"导弹系列的"斯拉姆"导弹，是美国增强响应型远程空地导弹，斯拉姆 –ER 是"斯拉姆"导弹响应型，被命名为 AGM-84H，目前已经装备于美海军 F/A-18 和 P-3C 飞机上。

目前一些国家对于 AGM-84H 的需求逐渐增多，来源主要是波音公司、麦道飞机和导弹系统分公司。斯拉姆 –ER 278 千米的射程要比之前至少增加一倍，同时导弹增加目标选择能力，弹头对加固目标攻击能力增大一倍等；它采用新的制导导航单元，里面包括一个惯性导航器，它的核心元件是环形激光陀螺，还有一个多通道全计划模块，技术的升级使得准备时间从 5—8 小时压缩为 15—30 分钟，可以完成四次任务信息的处理，并输入

➤ 携带斯拉姆–ER 的 F–15K"猎鹰"

F/A–18 飞机的存储元件。为了改进性能，它采用了"战斧"巡航导弹的 WDC–40/B 钛壳体穿甲战斗部，同时填充的 PBXC–129 炸药不仅提升了弹头的杀伤力，同时也达到了钝感弹药的要求。它在参考"战斧"巡航导弹的基础上研制了新型弹翼，明显改良了导弹的空气动力布局以及各项特性，从而更好地适应高空环境，并进一步扩大导弹射程。

充满杀气的空空导弹

空空导弹，是一种从空中发射并对空中目标展开攻击的导弹，它是歼击机的主要作战配置。这类导弹除了用作歼击机外，还可搭载于歼击轰炸机、强击机、直升机上遂行作战任务，与此同时，它也可以作为预警机、加油机等军用飞机的自卫武器。

空空导弹的结构不同于空对地导弹，因平台限制，这类导弹通常尺寸小、重量轻且具有精度高、威力大的特点。空空导弹一般由弹体、弹翼、制导系统、战斗部、引信、动力装置等组成。

空空导弹由制导装置、战斗部、引信、动力装置、弹体与弹翼等组成。它与机载火力控制、发射装置和测试设备等构成空空导弹武器系统。空空

➤ "响尾蛇"导弹

导弹与航空机炮相比较，具有射程远、命中精度高、威力大的优点。

1. 发展阶段

1944 年 4 月，德国首先研制成功 X–4 型有线制导空空导弹，但随着第二次世界大战结束，X–4 尚未投入使用便胎死腹中。战后，空空导弹的发展经历了三个阶段。

第一阶段，是 20 世纪 40 年代中期开始研发，50 年代中期研制成功，1956 年服役的空空导弹。主要有美国的"响尾蛇"AIM–9，苏联的 AA–1 导弹。"响尾蛇"AIM–9 是美国雷锡恩公司 1946—1953 年研发的近距红外制导空空导弹，是全世界第一种投入实战并有击落飞机纪录的空空导弹。该型导弹最大飞行速度 2.5 马赫，射程 17.7 千米，尾追攻击约 7 千米。

第二阶段，为 20 世纪 60 年代中期，这个阶段主要是对第一代空空导弹的改进和升级，使之在作战中更好地发挥自身的优势。越南战争后期和中东战争中空空导弹的作战能力也有了显著的提高。这个阶段空空导弹主要代表有美国的"响尾蛇"AIM–（1）、苏联的"蚜虫"P–60 等。

第三阶段，从 20 世纪 80 年代开始，逐渐进入空空导弹的成熟期。这个阶段最主要的标志就是空战进入了超视距空战时代。全方位、全高度、全天候的作战已经变成了常规的作战方式。1980 年的两伊战争、1982 年的马岛战争和第五次中东战争、1991 年的海湾战争中，第三代空空导弹的使用效果和作战能力都有了质的飞跃。这其中 1982 年英阿马岛战中，AIM–（3）"麻雀"空空导弹发挥了十分重要的作用。

2. 四代空空导弹的发展历程

（1）第一代空空导弹

1944 年，德国研制出 X–4 空空导弹，是世界上第一种空空导弹。X–4 是空空导弹的雏形，基本具备了现代空空导弹的特点：能够由飞机发射，导弹发动机为固体火箭发动机，采用有线制导方式制导。在当时 X–4 空空导弹毫无疑问领先于世界各国，属于高科技产品。但随着第二次世界大战结束，X-4 空空导弹还没有进入实战便无疾而终。

第二次世界大战后，美国、苏联等国于 1946 年开始研发空空导弹，经过十年的努力导弹研制成功，于 20 世纪 50 年代中期装备部队。第一代空空导弹有雷达寻的、红外寻的和复合制导三种制导模式。雷达寻的就是以雷达跟踪方式指引导弹飞行方向进而展开攻击；红外寻的，则是通过红外跟踪、测量来导引导弹飞向目标；复合制导又叫组合制导，是指通过多种导引设备参与制导的一种模式。如美国斯佩里和雷神公司研制的 AIM-7A "麻雀"导弹，它采用雷达波束制导，最大飞行速度 2.2 马赫，射程 5 ～ 8 千米。

（2）第二代空空导弹

第二代空空导弹于 20 世纪 60 年代装备部队。具有代表性的红外制导导弹有美国的 AIM-9D "响尾蛇"、法国的马特拉 R530 等。这两种空空导弹采用鸭式气动布局、制冷型硫化铅探测器和红外近炸引信。同时采用晶体管电路处理信号，使得导弹重量减轻，可靠性和寿命大为提高。比较典型的第二代雷达制导空空导弹有美国的"麻雀"AIM-7E 导弹、英国的火光导弹。这两种导弹采用转动翼气动布局、连续波半主动雷达制导，具有一定的全天候、全向攻击能力。"麻雀"AIM-7E 导弹最大飞行速度 3.0 马赫，作战高度 1.8 千米，射程 29 千米。

20 世纪 60 年代，美国空军和飞机设计师认为，航炮将成为历史，导

➤ PL-5 系列导弹

弹决定一切，空战的模式将趋向简单化：起飞—搜索—锁定—发射导弹—脱离。在此思维下，美国空军第二代歼击机上最初并没有安装航炮，完全以导弹为空战武器。这些飞机重视高空、高速性能，2马赫是这一代歼击机的基本要求。细长机身、大后掠角的后掠翼或三角翼是第二代歼击机的普遍特征。当然，这类歼击机都装备了雷达和雷达制导的空空导弹。

在越南战场上二代"麻雀"导弹存在一些问题，发射过程比较复杂，从确定目标到雷达锁定需要4—5秒，按下发射按钮后还要将近2秒导弹才能完成点火和发射。可想而知，这么长的反应时间，即使是有经验的飞行员，也无法在瞬息万变的空战中调整枪口（导弹）以致错失良机。为此，美军要求，为了提高命中概率，以后发现一个目标应至少发射两枚导弹。收到这样的指令，飞行员们自然是喜不自禁，结果，实战中，很多人拿导弹当子弹，像手握冲锋枪的斗士一样不管三七二十一地一股脑儿射完所有导弹。飞行员是快活了，但美国的弹药库却受不了了，于是赶紧纠偏：这咋行？完全是拿豆包不当干粮，简直开玩笑！于是又改成了原来的打法。然而"辉煌"的战果让美国国内炸了锅。有报道称，美国空军在整个越南战场上，共发射"麻雀"3导弹589枚，只有55枚命中目标，其他不知去向。由于10%的成功率实在太过难堪，后来军方只能之乎者也地扭捏很久才平息坊间怒火。

（3）第三代空空导弹

第三代红外制导空空导弹具有代表性的产品有美国AIM-9L"响尾蛇"、以色列的"怪蛇"3等。AIM-9L"响尾蛇"导弹于1978年服役，先进的鸭式气动布局，装配锑化铟制冷探测器。这种探测器的精度和灵敏度都很高，能够根据尾气的红外辐射来探测目标。AIM-9L导弹配备激光近炸引信，能够实现全向攻击。1982年底，美国对AIM-9L"响尾蛇"导弹进行了改进，改进型导弹为AIM-9M，主要加强寻标器的抗干扰能力，对目标具有全向攻击能力。

第三代雷达制导型空对空导弹比较多，如美制"麻雀"3B（AIM-7F）、俄制R-27以及英国产的天空闪光等都属于这种弹型。由于不少这类导弹选用的是单脉冲半主动雷达导引头，所以，其前向拦截、抗干扰以及下视/下射能力突出，加上完善的综合技术，这种导弹也可执行超视距攻击任务。这一时期的空空导弹基本满足超视距空战的要求。

（4）第四代空空导弹

第四代空空导弹基本结合了雷达和红外制导的优长，以红外型来说，它在红外成像探测、射后截获及动力系统配置等方面技术日臻成熟，其跟踪效能、抗干扰率大幅提升，机动性更稳定以雷达型来说，除了采用常规外形气动布局、中途指令等复合制导手段外，还在弹体复杂软件嵌技术上突飞猛进，让"发射后不管"成为现实，提升了导弹抗干扰能力及超视距全向攻击能力。

纵观全球，目前较著名的第四代红外类空空导弹有美制的 AIM-9X 响尾蛇、以色列的怪蛇（4/5）等。雷达型的有美制的 AIM-120、俄制的 R-77、欧洲产的 ASRAAM 等，可谓性能各异、样式繁多。对不同飞机的拦截能力突出。

从 20 世纪 90 年代开始，我国为提升部队武器系统的国产化水平，于 90 年代末，研发出霹雳 -9 导弹，该型导弹有着与以色列"怪蛇"-3 的弹体大体相同，但在制导稳定翼方面有所区别。霹雳 -9 导弹参考了乌克兰头盔瞄准具引导设计，研发出的国产型称为 TK-14。生产定型后的霹雳 -8、霹雳 -9 和"怪蛇"导弹射程均为 15 千米，而后续新型霹雳 -9C 的射程则可达 22 千米。

从整个战争形态看，实战中大规模使用空空导弹应在越南战争时期，因为属于新的作战武器，当时的空空导弹稳定性还有欠缺。据统计，整个越南战争期间，美军的许多"麻雀"空空导弹因受天气、环境等客观因素影响，仅有一半数量的导弹能够正常使用，其他的成了摆设。此后，由于技术的逐渐成熟，空空导弹的各方面战斗性能和稳定性明显增强，在空战中的影响越来越大。

1973 年第四次中东战争期间，以色列空军在空战中击落阿拉伯国家飞机 331 架，其中 81% 是空空导弹的功劳。

在 1982 年的英阿马岛之战中，英国海军航空兵的"鹞"式舰载攻击机发射了 27 枚 AIM-9L 空空导弹，击落了高达 25 架阿根廷"幻影"等战机，其命中率之高足以令人惊叹。

在现在以及未来的战争中，制空权的争夺越来越激烈，而空空导弹则是空战中最至关重要的那一把利刃，谁在空空导弹上占优势，谁就在空战中占优势。

可以说，空空导弹是空战的利器，如果没有先进的空空导弹，再尖端的战机也只是显摆蓝天的"纸鹰"。因此，很多国家在研发、装备先进战机的同时，都十分注重研发与之相配套的更先进的空空导弹，以提高自己的空战能力和战场主动性。

此外，为了保持战机的作战能力，武器装备的维护、保养非常重要。为了始终保持空空导弹处于良好状态，世界各国正在逐步建立与之相适应的综合保障体系。

未来机载激光武器

机载激光武器的研制始于20世纪90年代，作为一种新概念作战装备，一问世便引起各国兴趣。因为该型武器不仅能用于歼击机、无人机等机载平台，执行高能激光近距空中主动攻击、战术支援任务，还可作为战区弹道导弹防御系统承担防卫职责，甚至可以对敌方卫星展开攻击。

美国就曾将这类武器搭载于普通的波音747-400飞机上，进行了机载激光器模块、大气传输、束控设备、毁伤效果以及助推段主动跟踪等项目的试验验证工作，1997年，其作战型样机的研发工作正式开始。次年8月，达到飞行标准的轻型模块的输出功率已接近30万瓦，跟瞄精度达到0.1微弧度。2002年进行导弹拦截测验，2006年成功研制出3架机载激光战机，2008年生产出7架飞机，基本具备战区作战实力。该项目对外保密性较高，但在2010年前后频繁进行拦截测验。在2010年2月12日，美国导弹防御局对外宣称"机载激光器"系统于前一天成功拦截一枚弹道导弹，这是美军"定向能"激光武器第一次成功的导弹拦截试验。据悉，此次拦截试验的地点选在加利福尼亚州中部的穆谷点海军航空兵基地。试验中，大功率激光器系统搭载在一架波音747飞机上升空，在空中成功击落了一枚"液体燃料"推进的弹道导弹。这次试验的成功展现了ABL系统的作战实力，对该计划的发展具有重要的里程碑意义，极大地推动了该计划的顺利进行。

同年9月1日和10月20日，ABL空基激光试验遭遇两次失误。尽管固体靶弹成功发射，机载系统成功获取并锁定目标信息，但未能成功切

➤ 机载激光武器作战想象图

换到（使用激光束的）主动锁定程序，于是高能激光根本没有发射。2011年12月下旬，美国国防部决定不再进行 ABL 机载激光器研发活动，这一项目持续了近16年，总耗资超过50亿美元，还进行了多次弹道导弹拦截试验。尽管 ABL 项目已经宣告结束，但在进行这一项目的同时，美国在与之配套的激光器技术、能源制备和光束控制等领域均取得了可观的科研成果，大大降低了以后新型机载激光器的研发难度。目前美国导弹防御局已经开始研发新一代机载激光器，与之前不同的是它的载体选择了高空无人机。

2012年2月14日，波音公司的 ALTB 机载激光武器试验机在加利福尼亚州爱德华兹空军基地完成了最后一次实验。分析该 ALTB 机载激光试验机战绩涂装可以知道，该机成功拦截了9枚导弹，其中，上面7枚为靶弹，下面2枚是实际飞行中遇到的弹道导弹，固体燃料导弹和液体燃料导弹各1枚。

➤ 未来机载激光武器作战想象图

➢ F-100"超佩刀"歼击机

第三章

雏鸟展翅：第一代歼击机

Chap.3

　　20世纪40年代末50年代初第一代歼击机问世，代表机型有美国的F-86"佩刀"、F-100"超佩刀"和苏联米高扬设计局研制的米格-15、米格-19等，这一代歼击机空战武器是大口径航空机枪（炮），可在亚声速至超声速区间进行近距离空战格斗。本代战机虽早已退役，但蓦然回首，它给日后歼击机发展所带来的影响与启发却是无法抹去的。

"佩刀"：F-86歼击机

F-86是美国第一种后掠翼喷气式歼击机，由美国北美航空公司研制。F-86不仅是美国的第一代喷气式歼击机的代表，同时，也是美、日等国和北约集团在20世纪50年代使用最多的歼击机，该机生产量为11400架。

F-86歼击机主要用于空战的拦截与轰炸，是美国第一款装设弹射椅的歼击机和世界上首架装备空对空导弹的战机。

1. 设计特点

F-86于1945年5月开始设计，1945年8月北美航空公司按照美国空军的要求提出了XFJ-1原型机的改良版。1947年10月首架原型机试飞。F-86有较好的高速控制性能，运动敏捷性高，配置雷达瞄准仪，是一个稳定的机枪平台。

气动结构：F-86歼击机采用低安装的后掠翼，前三点式起落架，后掠尾翼以及低安装的水平尾翼气动布局。F-86展弦比为4.79，机翼后掠

➤ F-86歼击机

角 35 度，翼根相对厚度 11%，翼尖相对厚度 10%。在机翼前缘安装了自动缝翼，其作用是弥补后掠翼的低速缺陷。缝翼完全自动控制，根据所受的气动力打开或者关闭。当缝翼向前滑动打开时，可以加速流经机翼上表面的气流速度，得以增加升力并减小失速速度，在高速时，缝翼自动关闭将阻力减到最小。F-86 发动机进气口位于机头，采用气泡状座舱罩，F-86A 向后滑动的座舱盖在 F-86D 上改为向后打开的铰接式座舱盖。铰接式座舱盖在紧急弹射时较安全和容易。飞机还配备了全动平尾，所有控制机构都为液压驱动。

动力系统：F-86D 选用了通用电气研发的 J47-GE-13 涡轮喷气发动机，推力 23.2 千牛，加力推力 44.5 千牛。发动机配备了电子控制的燃料分配系统，该系统的作用是，飞行员推动油门杆时，根据整个发动机和加力燃烧室的工作状况，由电子燃料供应器来决定向发动机提供多少燃料，以达到发动机工作效率的最优化，在当时此发动机被誉为"具有大脑的发动机"。

航电系统：F-86D 机鼻内安装 AN/APG-36 搜索雷达，为了给雷达让出空间，原先的机头进气口下移，气变为下颌式进气，电介质天线罩直径 76.2 厘米。

武器系统：6 挺勃朗宁 M2HB12.7 毫米机枪，6 挺机枪的子弹于离机首 1000 英尺汇集于一点。到 H 型更改为 4 门 20 毫米口径航炮。另外它可以携带 2000 磅炸弹或 8 支 5 寸无导向火箭。

2. 性能参数

（1）基本参数：F-86 乘员 1 人，机长 11.44 米，翼展 11.32 米，机高 4.47 米，机翼面积 29.2 平方米，整体空重 4578 千克，最大起飞重量 7359 千克。动力装置 1 台通用电气 J47-GE-13 发动机，推力 23.2 千牛，加力推力 44.5 千牛。

（2）性能参数：F-86 最大飞行速度 0.9 马赫，实用升限 15000 米，最大航程 1060 千米，作战半径 750 千米（挂两个副油箱），推重比 0.658。

3. 服役情况

F-86 于 1949 年 5 月开始在美国空军服役，有 A、D、F、H、K、L 等型，

> ➤ F-86 歼击机

其中 F 型为主要型号。在朝鲜战场上，美军 F-86 曾与苏联的米格 -15（苏联第一代喷气式歼击机）有过交战。F-86 凭借较为先进的雷达瞄准具和良好的中低空机动性能，对早期的米格 -15 占有一定优势，但并非压倒性优势，它真正的对手是米格 -15 的改进型——米格 -15 比斯。中国人民志愿军空军在朝鲜空战中战绩显赫，共斩断 211 把"佩刀"。朝鲜战争结束后，F-86 出口美国盟国，成为北约集团的主力歼击机，并且在加拿大、意大利、日本和澳大利亚等国获得生产许可。

　　F-86 早已退役，同时是一个"寿星"，最后一架 F-86 一直服役到1993 年才从玻利维亚空军退役，创造了第一代喷气式歼击机的服役时长纪录。F-86 现在被美军修改成用于作战训练的无人驾驶靶机。

"超佩刀"：F-100歼击机

　　由 F-86 升级而来的是 F-100 歼击机，它被称为"超佩刀"。

　　F-100"超佩刀"由北美航空于 1954 年至 1971 年生产并交付美空军，

它是第一种实用化的超声速战机以及首种广泛利用钛合金制造的战机。为接替 F-86，北美航空设计了高性能超声速战机 F-100，然而在 F-100 服役生涯中，美国空军通常将 F-100 作为歼击轰炸机使用。

1. F-100 "超佩刀" 式喷气歼击机的研制历程

1949 年 2 月，北美航空工程师雷蒙德·赖斯和埃德加·舒默德（P-51 野马的设计者）在公司自筹资金的支持下，开始研究 F-86 "佩刀" 歼击机的超声速改型，研究如何能使 F-86 "佩刀" 在平飞状态下突破声速。理论研究结果表明：如果改变 F-86 机翼的后掠角，使之从 35° 增加到 45° 就能使 F-86 在平飞状态下突破声速。但经过风洞测试的结果表明，增加后掠角对提高最大飞行速度十分有限，在接近声速时碰到声障，还是无法使平飞速度超过声速。事实证明，仅仅改进气动外形还不能大幅度提高飞行速度，还需要提高发动机的推力，比以前大得多的推力。

1949 年 9 月 4 日至 1951 年 1 月，经过多次修改后，北美航空向 USAF 提交了一个被称为 "佩刀 45" 的方案，"45" 指机翼后掠的角度。它结合了 F-86D 和 F-86E 的特点，动力装置换为普拉特惠特尼公司新设计的 J57-P-1 涡轮喷气发动机，最大加力推力为 66.68 千牛。"佩刀 45" 在 10668 米高空的最大速度能够达到 1.3 马赫。战斗重量 10773.45 千克，作战半径 1078.03 千米，武器装备为 4 门 20 毫米 T-130 加农炮。改进后的 "佩刀 45" 最后终于成功地吸引了美国空军的关注。北美航空公司要求美国空军购买两架 "佩刀 45" 原型机，一架用于武器试验，一架用于气动测试。

➤ F-100 "超佩刀" 歼击机

➤ F-100 歼击机

　　"佩刀45"生产型的研制工作由北美航空公司于1951年11月20日开始。1951年12月7日，美国空军正式将"佩刀45"的型号命名为F-100。两架原型机的型号为YF-100，NA-180，生产型号为F-100A。

　　F-100A是"超佩刀"的第一个生产型号。1953年9月25日，首架F-100A出厂。1953年10月29日，由试飞员乔治·韦尔奇首飞。

　　1951年11月20日，北美航空公司开始了"佩刀45"生产型研制工作，型号为NA-192。1951年12月7日，美国空军正式将"佩刀45"的型号定为F-100。两架原型机的型号为YF-100，NA-180，生产型号为F-100A。

　　F-100A是"超佩刀"的第一个生产型号。首架F-100A（生产序号：52-5756）在1953年9月25日出厂，于1953年10月29日首飞，试飞员仍然是乔治·韦尔奇。"超佩刀"项目以超乎寻常的速度发展。首批3架F-100A于1953年11月底开始交付乔治空军基地，由此便开始了它的服役生涯。

2. F-100"超佩刀"式喷气歼击机的结构特点

　　（1）气动结构：F-100采用正常式布局，中等后掠角悬臂式下单翼，后掠低平尾和单垂尾构成倒T型尾翼布局。前三点式起落架，发动机进气口位于机头，气泡状座舱罩。F-100采用了薄翼型机翼，其相对厚度仅有7%，高速飞行的阻力大大减小。尽管其机翼后掠角只有45°，但仍然能够达到超声速飞行目标。为了解决飞机跨声速和超声速俯仰控制问题，

F-100 采用了全新设计的"全动平尾"，也就是将水平安定面和升降舵合而为一，以一块单一的全动翼面代替。

（2）动力系统：F-100C 动力装置是一台普拉特·惠特尼 J57-P-21 涡轮喷气发动机，最大推力 45.35 千牛，加力推力 72.13 千牛。

（3）武器系统：机头安装 4 门 M-39E20 毫米加农炮，6 个翼下挂架最大可携带 3402 千克炸弹、火箭弹或导弹。座舱内安装一具 A-4 测距瞄准具，可以自动计算弹着点，测距信息由安装在进气口上方电介质面板后的炮瞄雷达提供。

3. F-100 "超佩刀"式喷气歼击机性能参数（以F-100C型为参照）

（1）基本参数：该机基本乘员 1 人；机长 14.36 米，翼展 11.82 米，机高 4.72 米，机翼面积 35.82 平方米，整体空重 8740 千克，正常起飞重量 12520 千克，最大起飞重量 14800 千克。动力装置 1 台普·惠 J57-P-21 涡轮喷气发动机，最大推力 45.35 千牛，加力推力 72.13 千牛。

（2）性能参数：最大飞行速度 1.22 马赫，实用升限 15000 米，最大航程 3140 千米，作战半径 1200 千米（挂两个副油箱），推重比 0.83。

4. F-100 "超佩刀"式喷气歼击机的服役状况

1953 年 9 月，F-100 开始装备美国空军，主要有 A、C、D、F 四种型号。四种型号的 F-100 共生产 2350 架，1959 年 F-100 停产。F-100 是美国空军接替 F-86 的高性能超声速战机，在越南战争中是美国空军的主力歼击机，主要执行空战、夺取制空权和轰炸地面目标的任务。F-100 使用者除美国外，还出口法国、丹麦、土耳其等国。

1956 年，美国空军为"雷鸟"飞行表演队更换装备。在那个航空领域激烈竞争的年代，创造世界飞行速度纪录的 F-100 几乎成了"雷鸟"飞行表演队唯一的选择。于是，首批生产的 F-100C 有幸成为"雷鸟"飞行表演队的一员，被喷上了"雷鸟"的涂装。1964 年，美国空军又觉得跨声速的 F-100 已经不足以显示自己的地位，就用两倍声速的 F-105B "雷公"替代 F-100C。但优秀的歼击轰炸机和优秀的表演机是两个不同的概念，换装 F-105B 没多久，"雷鸟"飞行表演队在 1964 年 5 月发生一起严重飞行事故。"雷鸟"飞行表演队于 1968

年 7 月决定再次装备 F-100 "超佩刀"，这次装备的是 F-100D。1969年 11 月，F-100D 被第三代歼击机 F-4E "鬼怪"取代。

F-100 参加过越南战争，在这场战争中，F-100 执行两个主要任务：一是执行空中巡逻任务，为己方攻击机和轰炸机护航，防止苏制米格歼击机对己方攻击机和轰炸机的袭击；二是执行对地攻击任务，轰炸敌方重要目标。从 1964 年到 1971 年，美国空军的 F-100 机群在越战中执行战斗任务达到 30 余万架次。

1964 年 2 月，美空军第 615 歼击机中队接到上级命令进驻越南岘港空军基地。6 月 9 日，该部出动 F-100D 对老挝目标实施轰炸。1964 年 8 月 17 日，美空军第四〇一联队奉命进驻越南新山空军基地。第二天，一架入侵老挝的 F-100D 被地对空导弹击落，到 1964 年年底，美军共有 2 架 F-100D 战机被击落。

1965 年 4 月 1 日，在越战中 F-100D 首次为 F-105 歼击轰炸机护航，掩护 F-105 攻击越南清化大桥。3 天后，美空军 F-100D 再度为 F-105 护航，攻击位于越南首都河内的杜梅大桥。这次行动中，F-100D 与越南米格 -17 遭遇，由此越战中第一场空战爆发，在混战中两架 F-100D 被越南米格 -17 击落。这次 F-100D 是泥菩萨过河——自身难保。由于 F-100 "超佩刀"没有装备先进的雷达和进攻武器，并不适合用于对空作战，在与苏制米格 -17 战机的交战中力不从心，佩刀被斩是常事。此后美军为了扬长避短，将 F-100 作为歼轰机使用，执行对地攻击任务。

➤ 米格 -19 歼击机

"农夫"：米格-19歼击机

苏联米高扬设计局曾研制过一款歼击机，它就是大名鼎鼎的米格-19歼击机，外号"农夫"。

米格-19歼击机不仅是世界上首款进入量产的超声速歼击机，而且是全球最后一种采用传统后掠翼布局的歼击机。米格-19歼击机不仅爬升快，加速性和机动性优良，而且其火力超强，能够全天候作战。米格-19歼击机除了用于空战，争夺制空权，还可以实施对地攻击。

1. 研发背景

1952年米格-17歼击机进入苏联空军服役，这种飞机装备雷达。不久，苏联空军就发现米格-17的性能无法拦截美国的RB-57D和英国的堪培拉PR Ⅲ侦察机。这些侦察机经常渗透到东欧和苏联上空侦华约的军事行动。在20世纪50年代初期，苏联没有一种武器可以对付这种"超越飞行"。同时在朝鲜战场作战的苏联空军报告，当美军的B-29"超级堡垒"轰炸机改为夜间轰炸时，米格-15无法发现并拦截他们。战场需求促使苏联军方加速发展一种全天候的高速歼击截击机。

1950年，苏联政府给米高扬设计局下达命令，要求米高扬设计局研制一种全新的歼击机，新飞行速度超越声速且航程要远远大于米格-17。在此之前，安装单台发动机的米格-15LL和部分米格-17的试验型号，虽然有时可做超声速飞行，但是都不能持续保持超声速。于是米高扬设计局提出了双发动机超声速歼击机的验证机计划，该计划的主要目标是解决如何持续进行超声速平飞和超声速飞行所带来的操纵问题。这项研发计划的成果是米格-19歼击机。

2. 结构特点

（1）气动结构：米格-19拥有与米格-15、米格-17相似的气动外形，中单翼布局，机翼前缘后掠角58度在1/4处变为55°。左右各设置一个高32厘米的翼刀，机翼包含后退襟翼，起飞和着陆可根据需要放下。飞机的副翼和襟翼采用液压驱动方式，襟翼在起飞时展开角为15°，在降落时为25°。副翼位于机翼外侧，偏转角范围为±15°。水平尾翼采用全动式平尾，后掠角为45°，位于垂直尾翼下段顶部、其后缘的升降舵向上可转动32°，向下可转动16°。

（2）动力系统：2台图曼斯基RD-9B或RD-9BF-811加力涡轮喷气发动机，单台推力25.5千牛，加力推力31.9千牛。RD-9B的压气机为九级轴流式，第一级采用超声速设计，喷管为可调收敛式喷管，涡轮为两级轴流式。RD-9B采用牺牲耗油率，采用无进口导流叶片设计，追求高推重比的设计方式。与西方同时期的发动机相比，推力增大百分之二十以上。

（3）航电系统：机载主要设备有通信电台、高度表、测距机、敌我识别器和雷达等。

（4）武器系统：挂带4枚空空导弹或8枚火箭弹及各种炸弹，载弹量500千克；固定武器为2门30毫米机炮，配弹140发。

3. 性能参数

（1）基本参数：米格-19乘员1人，机长12.5米，翼展9.2米，机高3.9米，机翼面积25平方米，整体空重5447千克，正常起飞重量7560千克，最大起飞重量8832千克。动力装置：2台图曼斯基RD-9B或RD-9BF-811加力涡轮喷气发动机，单台推力25.5千牛，加力推力31.9千牛。

（2）性能参数：最大飞行速度1.36马赫，实用升限17500米，爬升率180米/秒，翼载荷353千克/平方米，推重比0.74，作战半径685千米，航程2200千米（带副油箱），续航时间1小时43分。

4. 服役情况

1954年随着米格-19的服役，使得苏联主力歼击机的性能历史上首次全面超越美国。米格-19歼击机创造了1.36马赫的飞行速度纪录。虽然美国的F-100歼击机比米格-19晚服役4个月，但米格-19在最大平飞速度、爬升率和实用升限上都超过了F-100。然而米格-19歼击机产量并不高，远不及米格-15歼击机和米格-17歼击机，很快就被1958年服役的米格-21歼击机取代。

作为苏联和东德空军20世纪50年代装备的主力军，米格-19多次参与了对北约飞机的拦截行动。1957年10月的一天，苏联空军一架米格-19

的飞行员发现了一架侦察机，事后发现这是一架洛克希德 U-2 侦察机。U-2能在 21300 米高空执行全天候侦察任务。在米格 -19 后来执行的几次任务中，多次发现美国的 U-2 侦察机，米格 -19 多次起飞试图拦截，但由于升限达不到 U-2 的高度均未成功。在拦截中，米格 -19 采用了一种被称为"仓卒向上射击"的机动（动力跃升），即通过打开加力冲刺至本机升限，然后用机炮或火箭弹攻击上方的 U-2 侦察机。这样的危险动作导致许多米格 -19 进入尾旋状态而坠毁。1960 年在击落加里·鲍尔斯所驾驶的 U-2侦察机的行动中，由于指挥混乱，一架米格 -19P 歼击机被己方的一枚 S-75击落，飞行员谢尔盖·萨夫罗诺夫阵亡。1960 年 7 月 1 日，北约的一架RB-47H 被米格 -19 击落，但北约方面声称，该机当时正位于北极圈内的公海上空，机上 6 名机组成员中 4 人死亡，2 人被俘，次年被释放。1964年 1 月 28 日，一架误入东德领空的 T-39 被米格 -19 击落，机上 3 人死亡。

1969 年，越南成立了第 925 歼击机团，该团团部设在安沛。歼击机团装备米格 -17 与米格 -19（大部分为中国提供的歼 -6，最多时有 54 架）。米格 -19 机动性不及米格 -17，速度比不上米格 -21，不受北越空军喜欢。1969 年 4 月，越南空军 9 名米格 -19 飞行员执行战备值勤，米格 -19 与美军飞机进行了空战。当时美军 F-4 没有装备机炮，而配备的导弹不能适应越南的潮湿气候，故障频发，在与米格 -19 的空战中常常处于劣势。越南军方声称击落了 7 架 F-4，在与 F-4 的格斗中，虽然无法发射导弹，但米格 -19 因为配备了机炮而略占优势。米格 -19 在越南空军服役至 20 世纪 80 年代。

1966 年 11 月 29 日，埃及空军的 2 架米格 -19 与数架以色列幻影 Ⅲ遭遇，以色列宣称幻影 Ⅲ击落 2 架米格 -19，自身无损伤。到 1967 年的"六日战争"时，埃及空军已获得 80 架米格 -19，但在开战之初的"焦点行动"中，40 架米格 -19 被以色列空军摧毁在地面上。苏联并未补充埃及损失的飞机，但伊拉克与叙利亚向埃及空军提供了一批米格 -19。到 1968 年，埃及空军装备的米格 -19 数量超过了 80 架。1969 年 5 月 19 日，以色列和埃及消耗战中，1 架米格 -19 与 2 架以色列空军幻影 Ⅲ相遇，其中 1 架幻影 Ⅲ被米格 -19 击落。1973 年的"赎罪日战争"中，埃及空军剩下的 60 架米格 -19用作前线支援飞机。

"超神秘"：B2歼击机

B2歼击机是法国达索飞机制造公司的喷气式战斗机，除了机头进气道比较独特之外，它的名字也很另类，叫作"超神秘"歼击轰炸机。

其实遍观它的气动布局，典型中规中矩的喷气式歼击机。不过，这种飞机对于法国乃至于西欧的军用航空工业，都具有非常特殊的意义。它是法国研制的第一型真正意义的超声速喷气式战机，也是西欧进入量产的第一种超声速歼击机。

1. 研发历程

从20世纪40年代开始，世界航空领域步入了喷气时代。突破声障是对当时的飞机设计师和飞行员的第一个挑战。1947年10月17日，美国飞行员查尔斯·耶尔格率先向声障发起了冲击，他驾驶贝尔X-1型火箭动力飞机首次突破了声障。同样，法国空军对马塞尔·达索寄予厚望，强烈希望达索研发出能突破声障的超声速歼击机。当时法国的暴风雨式歼击机只能以高亚声速飞行。为了实现超声速飞行目标，达索开始了一项新的研发计划。

➤ "超神秘"战机的侧面特写

为了提升整个计划的成功率，达索公司作出决定，以暴风雨式歼击机为基础进行改良。从暴风雨到神秘的改进，充分展示了达索的工作方法。改进的地方主要是：机翼变薄，后掠角加大。同时优先使用法国的产品，研制新型发动机，在加大发动机推力上做文章。不使用新研制的发动机和机身，尽量减少不必要的风险。

"神秘"II是法国达索研发的第一款超声速飞机，它肩负了法国人突破声障的重任。从1952年"神秘"IIA问世到1954年更先进的"神秘"IVA，为满足军方提出的不同的作战需求，达索公司用渐进式方法逐步完善其性能以及发展出各种用途的战机，是达索人历尽艰辛所走过的成功之路。试飞过程历时三年之久，其艰难和复杂由此可见一斑。

1955年3月2日，经过一年的努力，达索公司从"神秘"IVA的基础上改进而来超声速的"超神秘"歼击机试飞成功，取代了"神秘"IVA。

"超神秘"飞机采用45°后掠翼和更薄的机翼，改进了发动机进气道，使用视界更好的凸出型半水泡座舱盖，飞机外形更趋向曲线形。"超神秘"装备有加力推力的阿塔101G发动机，飞行速度大幅提高。

法国空军对"超神秘"的量产型命名为"超神秘"B2，试飞中，"超神秘"B2最高速度达到1.4马赫的超声速。"超神秘"B2是一种火力超强的歼击轰炸机，固定武器为2门30毫米机炮，每炮备弹150发；机身弹舱里可带35枚火箭弹，机翼下另可挂38枚火箭弹或2颗500千克炸弹或2枚"马特拉"空对空导弹或12枚大型空对地火箭弹。此外，世界上女飞行员驾驶"超神秘"B2首次创造了超声速飞行纪录。

2.结构特点

（1）气动结构：B2采用中单翼、后掠翼布局，该型飞机的机翼比较薄，主翼的后掠角为45°，B2改进型的后掠角为48°。水平尾翼后掠角为43°。

（2）动力系统：B2采用的发动机为SNECMAAtar101G-2型，最大推力33.3千牛，加力推力为44.1千牛。

（3）武器系统：武器配备方面，超神秘战机配备有2门30毫米的DEFA552型机关炮，每炮备弹150发。此外，它还具备挂载火箭弹、空空导弹、空地导弹和普通航弹的能力。载弹量900千克。

3. 性能参数

（1）基本参数：乘员 1 人，机长 14.13 米，翼展 10.51 米，机高 4.6 米，机翼面积 32 平方米，整体空重 6390 千克，正常起飞重量 9000 千克，最大起飞重量 10000 千克，油箱载油量为 2000 千克。

（2）性能参数：最大飞行速度 1.12 马赫，实用升限 17000 米，爬升率 180 米 / 秒，航程 1175 千米（不带副油箱），作战半径 870 千米（带副油箱），机翼负荷 281 千克 / 平方米。

4. 服役情况

"超神秘"战机的主要用户是法国空军，另有 24 架被卖给了以色列。以色列这些飞机曾经参加过 1967 年 6 月的"六日战争"和 1973 年 10 月的"赎罪日战争"，而且以色列飞行员对它们青睐有加。在空中对决之时，以色列飞行员手中的"超神秘"战机在面对米格 –19 时毫不示弱。1977 年，该型战机从法国空军全部退役。

"神秘"歼击机各机型总产量为 600 余架，而由它衍生的"超神秘"B2 歼击机的产量仅为 180 架。

1954 年以色列空军从法国进口了"神秘"ⅣA 战机，在 1956 年的苏伊士运河战争中用于进攻埃及西奈半岛。在 1967 年 6 月的第三次中东战争中，"神秘 A"战机进行了一场对地攻击闪电战，用火箭弹和炸弹攻击了阿拉伯国家阵地。在同一次战斗中，以色列投入一个中队的"超神秘"B2 歼击轰炸机袭击了敌方机场。

1956 年 10 月 30 日拂晓，以色列空军 101 中队奉命到米特拉山口执行战斗巡逻任务。从 5:45 到 6:48，6 个双机编队从以色列哈佐尔基地依次起飞。为了将这次攻击掩饰为仅仅是一次报复行动，以色列空军命令禁止"超神秘"战机袭击埃及车辆。大约 9:00 左右，埃及飞机才姗姗来迟。埃及米格 –15 机群对米特拉山口等地的以军地面部队疯狂扫射后匆忙返航。中午时分，埃及空军 4 架米格 –15 从卡布里特基地起飞，准备再次攻击位于米特拉山口的以军阵地。以色列情报部门把数字"4"误作"24"，14:35 至 14:55 之间，一〇一中队从哈佐尔基地紧急出动了 10 架"神秘"战机，其中 8 架飞往埃及卡布里特基地，准备对该基地发起攻击。起初米

格 –15 只有 4 架，埃及人从雷达屏幕上发现敌机群，于是出动了更多的"米格"战机保卫基地。15:20 以色列"神秘"战机与埃及战机展开了空战，是役，英勇善战的以色列飞行员取得了不俗战绩，共击落了 6 架米格 –15、1 架米格 –17。

　　"超神秘"战机是法国达索公司第一种真正意义上进入批量生产的超声速战机。此后，达索公司研制出了多款享誉世界的名机，在全球歼击机市场上占据着很显要的地位。在军用战机领域，不得不承认，达索真的很强。

➢ F-104超声速歼击机

鸟枪换炮：第二代歼击机

第四章

Chap.4

　　随着战争形态的不断变化，第一代歼击机在升限、加速性、爬升率等方面逐渐显示出疲态，加上整代战机相对落后的武器系统和简陋的机载设备，因而作战能力、制空能力不足等问题不断暴露。为此，从20世纪50年代后期开始，各国相继考虑"鸟枪换炮"，以发展战力更强的第二代歼击机，由此，以强调所谓"高空高速"为标志的歼击机研发方兴未艾。

　　在此期间，包括美国的F-104"战星"式、英国的"闪电"式、法国的"幻影"Ⅲ和"幻影"F1、瑞典的SAAB-35、苏联的米格-21等纷纷粉墨登场。

"战星"：F-104歼击机

F-104战星是20世纪50年代美国第二代超声速轻型歼击机，由洛克希德公司研制。1951年F-104开始设计，经过三年的研制，1954年2月首架原型机试飞，1958年1月，F-104战星开始装备部队。但F-104因航程短、载弹量小未能成为美国空军歼击机的主力。1958年洛克希德马丁公司对F-104C型的气动结构重新设计，提高了机体结构强度，改进了航电设备和武器系统，研制成对空、对地多用途歼击机F-104G。F-104是世界上首架达到两倍声速的战机，并在20世纪60年代长期保持爬升率、飞行速度、航高（30480米）的纪录。除了美国使用以外，被德、日、加、意、荷、丹麦等国采用和改型，进行大量生产。F-104主要类型有A、C、G、J、S等，共生产2578架。

1.研制历程

1951年10月，洛克希德的天才设计师凯利·约翰逊前往美军驻韩国的空军基地，会见了一批F-86"佩刀"的飞行员，悉心听取他们对未来歼击机的意见。出乎意料的是，飞行员的意见惊人的一致——歼击机重量

➤ F-104歼击机

增大、复杂性增加的趋势使得飞机越来越难以操控，最理想的飞机应该是比现役歼击机更轻、更易操控，速度更快、爬升率更大、飞行高度更高且机动性良好的飞机。回国后，约翰逊与洛克希德管理层进行了沟通，诚恳地建议公司投资研制一种新型歼击机：轻型廉价，简单易操控，但性能超越当时现役的所有歼击机。

经过一段时间酝酿之后，1952 年 11 月，洛克希德公司正式启动这个轻型歼击机研发项目。事实上这个项目是洛克希德公司自掏腰包发展的。到了 1953 年 1 月，洛克希德的轻型歼击机原型机在美国空军"武器系统303A"项目中夺标。1953 年 3 月，美国空军和洛克希德公司签订合同，要求洛克希德公司生产 2 架原型机供军方验证评估。

1954 年 7 月，美国空军向洛克希德公司订购 17 架预生产型 F−104A用于验证试飞。按照当时的观点，大量飞机投入试飞将大大加快飞机的研制进度，并且一旦飞机定型批量生产，这批飞机就可以快速升级到生产型。但最大的缺点就是，如果飞机研制计划终止，那么这批飞机基本上废弃了。

1956 年 2 月，洛克希德生产了第一架 F−104A，运抵爱德华兹空军基地，保密工作异常严格。1956 年 2 月 17 日，洛克希德试飞员赫曼·菲斯·索曼驾驶该机进行了首次试飞。在此前一天，第二架 F−104A（55−2956）已经在洛克希德的伯班克工厂进行了首次正式展出。当然，根据美国空军的要求，F−104A 二号机的进气口被遮得严严实实，因为飞机激波锥设计在当时非常先进，他们不想过早暴露。

总共有 52 架飞机参与试飞，并进行相关设备的评估，包括：J79 发动机的改型（J79−JE−3、J79−JE−3A、J79−JE−3B），M61A1 航炮，AIM−9（响尾蛇导弹），以及挂在翼尖的副油箱等。根据试飞情况，设计师相应加强了飞机结构，并对局部设计予以改进。为了获得最好的效果，对不同类型的吹气襟翼进行了试验。飞机尾部加装了腹鳍，以改善超声速飞行时的航向稳定性。

除了试飞之外，F−104A 还有一项任务，就是用于创造飞行纪录。1958 年 5 月 7 日，霍华德·C. 约翰逊少校驾驶 F−104A 在爱德华兹空军基地上空进行动力跃升飞行，最大飞行高度达到 27813 米，创造了一项世界高度纪录。同年 5 月 16 日，沃尔特·W. 埃汶上尉驾驶 F−104A，在15×25 千米闭合航线上最高飞行速度达到了 2259 千米/时，刷新飞行速

度世界纪录。这是世界航空史上首次由同一种飞机同时创造飞行高度和速度两项纪录。

2.结构特点

气动结构：小机翼，小角度后掠翼，梯形翼面带下反角气动布局；机头激波锥设计，气泡状座舱罩，收放式起落架，T形尾翼，翼尖油箱，侧进气口。

动力系统：1台J79-GE-11A涡轮喷气发动机，最大推力44.5千牛，加力推力70.3千牛。J79-GE-11A是美国通用电气公司为美国空军研制的单转子轴流加力式涡轮喷气发动机。

武器系统：固定武器是一门M6120毫米机炮。执行截击任务时带"麻雀"Ⅲ和"响尾蛇"空对空导弹各2枚，执行对地攻击任务时带"小斗犬"空对地导弹、普通炸弹或一颗900千克核弹，最大载弹量1800千克。

3.性能参数

（1）基本参数：乘员1人，机长16.69米，翼展6.68米，机高4.11米，机翼面积18.22平方米，整体空重6390千克，正常起飞重量9480千克，最大起飞重量13050千克。

（2）性能参数：F-104歼击机最大飞行速度2.2马赫，实用升限17680米，爬升率250米/秒，转场航程3510千米（带副油箱），作战半径370～1100千米（带副油箱）。

4.服役情况

F-104最出名的并不是其有非凡的战绩，而是它恐怖的别称："飞行棺材"或"寡妇制造者"。因为F-104的设计者过于追求最快飞行速度和最高升限，为了最大限度减少飞行阻力，F-104气动外形被设计成机身长而机翼短小、T形尾翼等，但却牺牲了飞机的盘旋、滑翔等机动性能。如果遇到发动机空中熄火或飞机失速等动力故障，其他类型的飞机能滑翔着陆，而F-104因机翼面积小导致的高翼载荷、滑翔性能极差等，这些因素将造成失速状态下的F-104难以机动改出，它将马上变成自由落体式极速下坠直接与大地"亲密接触"，"战星"也变身为"灾星"。危急时刻飞行员虽然可以弹射跳伞，但最要命的还是那个T形尾翼，飞行员向上弹射时时刻都有被T形尾翼砍掉双腿甚至被腰斩的危险。为保障飞行员的生命安全，最终飞机制造商洛克希德公司重新为F-104设计了C-2型安全弹射座椅，才得以解决这个致命的问题。

"虎鲨"：F-5歼击机

F-5歼击机是美国诺斯罗普公司研制的轻型战术歼击机，其中A型是早期生产型；E型是单座轻型战术歼击机；RF-5E是侦察机；B型和F型是双座教练机；F-5G型又称F-20，是多用途歼击机，供出口，F-20的绰号为"虎鲨"。

在20世纪70年代，F-5E/F"虎"II式歼击机成为美国销往第三世界盟国的主力机种。由于该机经历过实战考验，且承袭了前一代F-5A/B型歼击机廉价、短距起降、维护方便等特点，使得其在问世后的10年内十分畅销，被销往全球近30个国家和地区。20世纪70年代，在国际军火市场中形成美国F-5E/F、苏联MiG-21以及法国"幻影"III三种机型三足鼎立的局面。

➤ "虎鲨" F-5 歼击机

1.研制历程

F-5 最早起源于 20 世纪 50 年代。1954 年，美国诺斯罗普公司派出一个小组，对北约和东南亚国家的防务进行了一番实地考察后认为，应该研制一种价格低廉、维护简单且具备短距起降能力的轻型超声速歼击机。1955 年，诺斯罗普公司开始设计这种设想中的飞机，诺斯罗普公司赋予的编号为 N156。N156 有多种方案，最终设计方案为 N156F。另外有一种设计方案编号为 N156T，是一种双座高级教练机，外形与其相似。1956 年，诺斯罗普公司将这两种方案提交给美国空军和海军。美国空军最初也对这种低档歼击机不感兴趣，但是后来计划更换 T-33 教练机，于是 N156T 方案被选中，军方编号为 T-38。美国海军否决了诺斯罗普的方案。

虽然 N156F 未受到重视，但诺斯罗普公司仍然执着地继续这个项目。后来美国空军经过深入研究，认识到 N156F 的价值，认为该机可以作为一种廉价歼击机提供给美国的盟国，解决那些希望建立较现代化空军而又财力不足的盟国的困境。1958 年，N156F 被赋予"自由战士"这样一个很"政治化"的名称，当年 8 月开始制造原型机。1959 年 7 月 30 日，

N156F 的原型机首飞。1962 年，经过多个飞机制造商的激烈竞争，诺斯罗普公司 N156F 被美国国防部军援计划选中。

1962 年 8 月 9 日，美国空军正式赋予 N156F 的编号为 F-5A，双座教练型机称为 F-5B。F-5A 的操纵性能良好，虽然性能不是很突出，但是各方面性能比较均衡，符合军援计划要求。

1968 年，为了应对苏制米格 -21，美国空军宣布了一项国际歼击机计划作为 F-5A 的后继者，其要求是机动性优异，空战能力更强，其主要对手是米格 -21。参与竞争的公司有 8 家，最后诺斯罗普公司改装的 F-5A-21 在竞标中获胜，其使用的发动机是 J85-GE-21 型。军方给予编号为 F-5E，绰号"虎"。1972 年 8 月 11 日，F-5E 首飞成功，1973 年量产服役。

2. 结构特点

（1）气动结构：F-5 采用中等后掠角、中等展弦比和边条翼的布局。机翼前缘后掠角 32 度，展弦比 3.82。升力线斜率较大，极大地提高了飞机的升力系数，弥补了机翼面积小造成的升力不足，使飞机适合在高亚声速和跨声速区域飞行。

（2）动力系统：2 台通用 J85 涡喷发动机，F-5A 采用的是 J-85-GE-13，最大推力 12.103 千牛，加力推力 18.149 千牛。F-5E 采用改进的 J-85-GE-21 发动机，最大军用推力 15.582 千牛，加力推力 22.246 千牛。

（3）航电系统：F-5A 包括 1 个普通光学瞄准仪、塔康导航系统、超高频电台、罗盘和敌我识别器。F-5E 改进了电子设备，增加了 1 台 AN/APQ-153 火控雷达（或者是 AN/APQ-157、AN/APQ-159），采用可计算前置角的瞄准仪、CADC 大气数据计算机及盲降系统等。

（4）武器系统：固定武器为 2 门 20 毫米 M39A2 型机炮。F-5E 可以携带多种对地攻击武器，包括 MK82/MK84 炸弹、CBU24 集束炸弹、"小斗犬"空对地导弹、"小牛"空对地导弹以及激光制导炸弹和无控火箭等。

3. 性能参数

（1）基本参数：乘员 1 人，机长 14.45 米，翼展 8.13 米，机高 4.06 米，机翼面积 17.30 平方米，整体空重 4410 千克，正常起飞重量 6830 千克，最大起飞重量 11210 千克。

（2）性能参数：最大速度（高度 11000 米）1741 千米/时，作战半径 220–1060 千米，转场航程 2860 千米；实用升限 15790 米，最大爬升率（海平面）260 米/秒；起飞滑跑距离 610 米，降落滑跑距离 762 米。

F–5 系列歼击机低空飞行稳定性良好，在投放无制导武器时精度高。F–5E 加装可横滚稳定的 AN/ASG–29 瞄准具，进一步提高了投弹准确性。F–5E 进行俯冲投弹时的误差为 16~18 米。F–5 与主要对手米格–21 相比，两机空战机动性能相当，F–5 对地攻击能力和航程远超米格–21，而且 F–5 电子设备比米格–21 先进，可靠性和可维护性也要优于苏式米格–21 歼击机。客观地说，F–5 综合性能超过米格–21。

4. 服役情况

诺斯罗普公司为全球 20 多个国家和地区生产 F–5 系列歼击机 1871 架，加拿大、荷兰、瑞士、西班牙、韩国等 5 个国家授权生产了 776 架。1987 年，F–5 在美国停产，诺斯罗普公司后来又用散件装配了部分飞机，最后一批于 1989 年交付用户使用。

据 F–5 "虎鲨"歼击机的设计和制造商诺斯罗普公司估计，目前全世界 26 个国家和地区的空军现役的 1700 架 F–5 歼击机中约有 1/2 可能会延长服役期和更新改装，预计更新改装费用高达 15 亿美元。此外美国空军现役 800 架 F–5 双座型教练机中的大部分也要进行航电设备的现代化改造。对于诺斯罗普公司和机载设备制造商来说，这是一个很有吸引力的市场。

"鱼窝"：米格–21歼击机

米格–21 歼击机，因为被北约称为"Fishbed"，又译文为"鱼窝"所以得名，属于苏联时期超声速喷气式第二代歼击机。

米格–21 歼击机由苏联米高扬飞机设计局于 1953 年开始设计，1955 年原型机试飞，1958 年开始批量生产装备部队。米格–21 是 20 世纪 60 年代苏联空军的主力制空歼击机。

➢ 米格 –21 歼击机

1. 研制历程

1953 年，朝鲜战争以后，世界各国开始追求超声速战斗机的潮流。米格 –21 歼击机于 1953 年开始设计，研制初期，共制成两种不同气动布局的原型机，一种为三角翼型，另一种为大后掠翼型，除机翼不同外，机体其他部分设计相类似。三角翼型编号为 E–2A，北约称之为"面板"。两种型别对比试飞后发现，与后掠翼相比，三角翼型具有高空、高速、爬升快的特点。按照能拦截敌方轰炸机，作为防空截击使用的设计思想，为了突出高空高速性能，米格 –21 选用了大后掠角三角翼气动布局，安装一台大推力涡喷发动机。其主要任务是在高空截击敌机、战术侦察，兼具对地攻击功能。

1955 年，米格 –21 原型机首次试飞，1956 年 6 月 24 日参加苏联航空节飞行表演，1958 年量产装备部队，北约组织称它为"鱼窝"。1958 年下半年，米格-21开始在俄罗斯高尔基市的制造厂批量生产并进入系列化。20世纪60年代，苏联空军装备米格-21战机2500余架。与西方同级别歼击机相比，米格-21价格较低，对于财力有限的第三世界国家有很强的吸引力，因此出口至全球52个国家和地区，总产量过万。在生产高峰时期，仅苏联国内的生产线就超过5条。苏联还特许捷克斯洛伐克和印度两国生产，在两国各建一条生产线。

2.结构特点

（1）气动结构：米格-21歼击机采用头部带激波进气锥进气道，机身细长的外形气动布局。机身为全金属半硬壳材质；机翼为切尖三角形悬臂单翼结构，副翼由液压助力器操纵；尾翼所有翼面均设计为大后掠角，这些都让它看起来挺拔精干。

（2）动力系统：米格-21动力装置为1台P-13-300涡轮喷气发动机。

（3）航电系统：米格-21歼击机航电设备较简单，早期型号只装备雷达测距器。中后期改型加装了小直径天线火控雷达和自动驾驶仪。

（4）武器系统：固定武器为1门23毫米G3-23双管机炮，备弹200发；米格-21有4个外挂架，载弹量1000千克。

➤ 米格-21侧视图

3. 性能参数

（1）基本参数：乘员 1 人，机长 15.4 米，翼展 7.15 米，机高 4.13 米，机翼面积 23.0 平方米。

（2）性能参数：最大飞行速度 2.20 马赫，实用升限 18700 米，最大航程 1300 千米。

4. 服役情况

米格 –21 是 20 世纪产量、装备最多的喷气式歼击机之一，其原型及改进型（包含改良型、仿制型）共生产了 10000 多架。截至 2013 年 5 月，共有 52 个国家和地区使用米格 –21，曾进行过多次重要改进。但米格 –21 除了飞行速度高、减速性能好之外，其机动性较差，加之航电设备过于简陋，武器挂载量小和航程短，因而作战能力有限。

印巴战争：巴基斯坦的美制 F–104 曾与印度的苏制米格 –21 交锋，巴军 F–104 不敌印军米格 –21，被击落 4 架，这一结果令西欧与日本极为震惊。自此米格 –21 声名鹊起，伊拉克、叙利亚、东德、埃及、朝鲜等国也配备了米格 –21，更使得西德和日本配备的 F–104，伊朗、韩国配备的 F–5，以及西德、以色列、伊朗、日本与韩国配备的 F–4 对米格 –21 感到如坐针毡。

越南战争：越战期间，北越的米格 –21 歼击机在越南的天空耀武扬威，让美军飞行员感觉如鲠在喉。米格 –21 在多次与 F–4 的近距离空战中获胜，促使美军改良 F–4 并加装了机炮。此前美军迷信导弹比机炮先进而放弃使用机炮，如果导弹打光了而被敌机拉近距离就会被机炮击落。此后米格 –21 的非凡战绩令西方军事观察家极为震撼，促使美国展开了新型战机的研制工作。

两伊战争：在长达 8 年的伊拉克与伊朗战争中，伊拉克空军的米格 –21、米格 –23、米格 –25、幻影 F1、超级军旗攻击机、苏 –22、苏 –24、苏 –25 等作为伊拉克空战主力，与伊朗的 F–14、F–4 与 F–5 机队展开一连串的战斗。然而伊拉克的米格 –21 在战场中的表现不尽如人意，与创下战功的米格 –25、幻影 F1、超级军旗相比较有较大的差别。米格 –21 常常受制于伊朗的美制 F–4 与 F–5。

以阿战争：埃及与叙利亚购买了米格-21，投入六日战争、赎罪日战役与黎巴嫩战役，而埃叙两国的米格战机由于飞行员素质皆非以军F-4与F-15的对手。在1982年叙以冲突中，叙利亚空军的米格-21击中1架以色列F-15战机，以军F-15战机带伤逃走，战果未能确认。

5.服役概况

自20世纪60年代末以来，印度空军装备的米格-21战机，飞行事故频繁发生。印度国防部统计，印度空军共装备了946架各种改型的米格-21歼击机。令人感到不解的是，在过去45年中，印度空军在各类事故中总共损失了多达476架米格-21战机。自20世纪90年代以来，米格-21事故率居高不下，占所有飞行事故的60%以上，因此该型歼击机获得了"飞行棺材"的恐怖绰号。

俄罗斯专家与印度空军在调查中发现，飞机老化是造成坠机事故频发的主要原因。印度空军现役歼击机多数购自苏联时期。然而，苏联解体后，因厂家不再生产老旧歼击机的部件，导致印度空军的歼击机原装部件大量缺乏，不得不仿制一些部件。由于印度厂家技术有限，仿制部件与苏制系统不匹配。印度空军曾多次批评本国厂家生产的油泵等部件存在问题。统计资料显示，印度空军自1992年以来，共有100多架米格-21因故障坠毁，其中许多事故就是因为仿制部件存在严重技术缺陷而发生的。

"龙"：SAAB-35歼击机

SAAB-35"龙"歼击机是瑞典SAAB（萨博）飞机公司研制的多用途超声速歼击机。

SAAB-35可执行高空截击、照相侦察和对地攻击等多种任务。SAAB-35于1951年开始设计，1955年10月首架原型机试飞，1958年2月预生产型试飞，截至1973年共生产589架。SAAB-35是60年代瑞典空军的主力歼击机，其型别有：A、B、D、F型，是具有空中格斗和对地攻击能力的歼击截击机；C型为双座教练机；E型为战术侦察机；XD型是向丹麦出口的攻击／侦察机；XS型是向芬兰出口的高空截击机。

1. 研制背景

早在1951年，应瑞典皇家空军的要求，SAAB（萨博）公司开始代号"项目1200"新型战机的研发，计划用其取代现役的SAAB-29。SAAB-29虽然服役不久，但由于世界各国的新型战机不断推陈出新，其性能已日渐落伍。

瑞典空军对新型歼击机提出的具体要求是：最大飞行速度高于1.5马赫，能够截击敌方轰炸机，具备短距起降能力，可以在国内公路网起降。这是瑞典空军首次对歼击机起降性能提出此类要求，毕竟这个时期的局势不同了。20世纪50年代初，国际局势风云变幻，苏联强大的攻击力咄咄逼人。如果战争爆发，瑞典人不可能顶住苏联第一波次进攻，因此在机场被摧毁后，歼击机的公路起降性能就显得特别重要。此外，瑞典空军还要求新型战机的构造简单、价格低廉、操纵方便、易于维护。总之战机的性能要适应险恶的战争环境，在战时能够保持强大的战斗力。这是瑞典空军第一次对新型歼击机提出如此严格的要求，充分说明瑞典空军对SAAB（萨博）公司研制飞机的能力充满必胜信心。

➢ SAAB-35歼击机

2.结构特点

SAAB-35"龙"采用悬臂双三角中单翼，内翼后掠角80度，外翼后掠角57度，展弦比1.77，相对厚度5%，全金属结构。内翼与机身结合成一整体，外翼段用螺栓与内翼连接，可以卸下以便运输；后缘升降翼分为三段，内侧一段，外侧两段，无襟翼；机身为全金属半硬壳结构，前后两段用螺栓连接；前机身与内翼融为一整体，后机身上、下各有一块减速板；"龙"没有平尾，有三角形垂直安定面和方向舵；起落架为可收放前三点起落架；所有操纵面均为液压操纵。前轮向前收，主轮向外侧收起，有双盘刹车和防滑装置，还有两个可收放的尾轮。减速伞安装在机身的整流罩内，有着陆钩。

（1）气动结构：SAAB-35采用特殊的无尾双三角翼翼身融合体布局和大后掠垂直尾翼；发动机进气口布置在内翼前部。SAAB-35机翼和垂直尾翼的后掠角大得惊人，前沿设计的机翼和垂尾使这架飞机的外形十分前卫。其独树一帜的无尾双三角翼翼身融合体布局令世界各国大为震惊。

（2）动力系统：SAAB-35 中 D、F 型的装有 1 台 RM-60 涡喷发动机，最大推力 56.84 千牛，加力推力 78.4 千牛。

（3）航电系统：脉冲多普勒火控雷达，中央数据处理机，座舱平视显示器，多普勒导航系统，自动驾驶仪等。

（4）武器系统：固定武器为 2 门 30 毫米"阿登"机炮；有 9 个外挂架，可挂"苍鹰"或"响尾蛇"空空导弹；用于对地攻击时，最大载弹量 4500 千克（X 型）。

3. 性能参数

（1）基本参数：机长 15.35 米，翼展 9.4 米，机高 3.89 米，机翼面积 49.2 平方米。空重 7450 千克，最大起飞重量 15000 千克，燃油量（机内、F 型）4000 升，最大外油量 3500 升（J-35F）。

（2）性能参数：SAAB-35 最大平飞速度 M2.0/2448 千米 / 时（高度 11000 米），实用升限 18300 米，海平面爬升率 200 米 / 秒，转场航程 3250 千米；作战半径 560～720 千米。起飞滑跑距离 460～550 米，着陆滑跑距离 510 米。

瑞典是一个中立国家，长期以来国防装备主要靠自力更生。此外，瑞典在制造外观具有特色的优秀高性能歼击机方面也有长期的传统。从长期服役的 SAAB-35"龙"（1955—2005 年）歼击机到速度达 2 马赫的鸭式翼 SAAB-37"雷"（1971—2005 年）歼击机，瑞典歼击机强调从分散、临时机场以及公路上短距起飞，世界一流性能和前沿设计独树一帜。作为一个国土面积并不很大的国家，其项目成功的记录让人由衷赞叹。

➤ "鹞"式垂直起降歼击机

奋翅鼓翼：第三代歼击机

第三代歼击机是 20 世纪 50 年代中期至 60 年代初研制的战机，其特点是中低空机动性能良好、使用第三代航空发动机、配备先进雷达、加强导弹应用等。主要使用年代为 1965 年以后。代表机型包括美国的 F-4"鬼怪"歼击机、苏联的米格 -23 歼击机、瑞典的 SAAB-37"雷"歼击机等。

"鬼怪"：F-4歼击机

F-4"鬼怪"是美国原麦克唐纳公司为海军研制的双座双发航母舰载歼击机，因其性能优异，后来美空军也大量采用。F-4是美国第三代重型制空歼击机的典型代表。F-4各方面的性能优良，不但空战性卓越，而且对地攻击能力强，是美国空军、海军20世纪六七十年代的主力歼击机。

1.研发历程

"鬼怪"的历史始于1953年8月，当时麦克唐纳设计师Herman Barkley领导了一个设计团队，对公司的F3H"恶魔"舰载歼击机进行改造，以提升其性能和多用途性，从而获得更多的订单。1953年9月19日，麦克唐纳公司主动向海军航空局提交了舰载机改进方案。海军方面鼓励麦克唐纳公司继续设计一种全新的单座双发全天候攻击机去和格鲁门公司、北美公司竞争。1955年5月26日，美国航空局宣布麦克唐纳公司在竞标中获胜，

➤ F-4"鬼怪"歼击机

要求麦克唐纳制造两架双座双发全天候歼击机原型机，武器全面导弹化。6月23日下达了正式编号YF4H-1，这是歼击机的编号。1955年6月24日，美国海军与麦克唐纳公司签订了制造18架新飞机的合同，其中包括2架原型机和1架地面静态试验机。1955年7月25日海军和麦克唐纳公司签署了YF4H-1技术规格清单。第一架原型机于1958年5月试飞，经过三年半试飞，F-4"鬼怪"歼击机定型。1961年10月，F-4批量生产正式交付海军使用。1963年11月，F-4开始进入空军服役。

2. 结构特点

（1）气动结构：F-4歼击机机翼采用悬臂式下单翼，低安装的后掠翼，外翼带上反角；座舱罩呈半气泡状，机身进气口位于驾驶舱下面，后掠尾翼，水平尾翼带下反角。

该机机翼采用全金属结构，平均相对厚度为5.1%，翼尖3%，机翼前缘后掠角为45°，安装角1°，外翼上反角12°，前缘有锯齿。考虑到舰载需要，海军型的外翼可折起。中翼和内翼为一贯穿机身的双梁抗扭盒式整体结构。该机机身采用三段式全金属半硬壳结构，其中，座舱、前起落架舱和电子设备舱位于机体前段，发动机舱与油箱舱位于中段。后段为钛和钢，下侧为用于空气冷却的双壁结构，这也是F-4笨重的重要原因。

（2）动力系统：该机配备的两台J79-GE-17加力式涡轮喷气发动机为通用电气公司生产，单台加力推力可达79.6千牛。总载油量7022升，除腹部可挂载一个2270升副油箱外，机翼下面两边还可挂载一对1400升副油箱，F-4安装有空中受油设备和加油吊舱。

（3）航电系统：机载设备包括备用姿态参考系统，中央大气数据计算机，计数器式加速表，雷达高度表，通信—导航—识别系统，导航计算机，惯性导航系统；全高度轰炸系统，前置角计算光学瞄准具，武器投放系统，雷达寻的和警戒系统，自动火控系统，火控雷达，程序计时装置，KB-25A瞄准照相枪。

（4）武器系统：F-4固定武器为1门M61A1六管加特林机炮。挂载6枚"麻雀"Ⅲ或4枚"麻雀"Ⅲ和4枚"响尾蛇"空空导弹。对地攻击武器载荷最大达7250千克，包括各型AGM-12"小斗犬"无线电遥控导弹、AGM-62A"白星眼"电视炸弹、AGM-45"百舌鸟"反雷达导弹、

AGM-65A "幼畜"炸弹、AGM-78B 标准反辐射导弹，各种常规炸弹和火箭弹等。

3. 性能参数

（1）基本参数：乘员 2 人，机长 19.20 米，翼展 11.77 米，机高 5.02 米，机翼面积 49.24 米。整体空重 13760 千克，空战起飞重量 18820 千克，最大起飞重量 28030 千克。

（2）参考性能：最大平飞速度 2414 千米／时（高度 12000 米），实用升限 16580 米，海平面爬升率 251 米／秒，转场航程 3184 千米，作战半径 1226 千米。起飞滑跑距离 1338 米，着陆滑跑距离 950 米（带减速伞），限制过载（重量 17000 千克、对称机动）+8.5g。

4. 服役情况

F-4 歼击机共生产 3500 余架，除美国外还装备了英国、德国、日本、西班牙、以色列、土耳其、韩国、伊朗和埃及等国。

美国 F-4B/C/D 三型都参加了越南战争，战绩斐然。F-4B 在空战中共击落米格歼击机 107 架，占被击落飞机总数的 55.44%，其中米格 -17 型

33 架、米格-19 型 8 架、米格-21 型 66 架。F-4C 在空战中共击落米格歼击机 42 架，其中米格-17 和米格-21 各 21 架。F-4D 于 1966 年参加越南战争，在参战期间共击落米格歼击机 44 架，其中米格-17 型 12 架、米格-19 型 4 架、米格-21 型 28 架。F-4D 在对地作战中攻击了机场、桥梁等重要目标。1972 年 5 月 12 日，美国空军第八战术歼击机联队的 16 架 F-4D 攻击了位于越南首都河内的杜梅大桥。

"鞭挞者"：米格-23歼击机

　　"鞭挞者"（英文译名）——米格 -23 歼击机，是苏联时期的一型超声速喷气式第三代歼击机。该机于 20 世纪 60 年代由苏联米高扬 - 格列维奇设计局研制，是苏联著名设计师米高扬一生中最后一个亲自设计的项目。

　　米格-23 于 1967 年 6 月 10 日首飞，1970 年开始服役。该机是 20 世纪 70—80 年代苏联空军的主要装备，朝鲜及华约国家也使用该机，现已退役。米格 -23 歼击机采用单座可变后掠翼气动布局，是苏联首架可变后掠翼歼击机，安装 1 台大功率涡轮喷气式发动机。米格-23 的突出性能是水平加速性能好、飞行速度快，高空时速达 2.35 倍声速，低空速度达 1.103 倍声速，有利于低空突防、高速拦截和攻击后脱离。

1. 研制背景

　　可变后掠翼技术源于 20 世纪 40 年代德国研制的"紧急战斗机计划"——梅塞施密特 P.1101 型飞机，经过 20 年的发展，在 20 世纪 60 年代后走向成熟。20 世纪 60 年代，随着经济和技术实力的快速发展，苏联开始执行与美国争霸的全球战略，军事上客观需要具有战术进攻能力的歼击轰炸机。赫鲁晓夫时代所信奉的"导弹代替飞机"的观点，严重制约苏联歼击机的发展。1964 年 10 月，勃列日涅夫开始执政，苏联歼击轰炸机的研发步入正轨。米格-23 和稍后的苏-24 便由此诞生。20 世纪 60 年代初，苏联米高扬设计局的技术人员开始着手对后掠翼战机的研制，但资料甚少，不得已只能借鉴美国通用公司 F-111 可变后掠翼飞机设计制造时的经验。为此，他们广开思路并做出了多个版本的飞机模型，随后送往中央空气动

➤ 米格-23歼击机

力研究院展开风洞实验，测试飞机在起降、亚声速、超声速等状况下的性能稳定性。经多次试验，技术人员发现，自己设计的可变后掠翼性能指标令人鼓舞。

2.结构特点

平战结合的空中骄子米格-23歼击机采用了可变后掠翼设计。该设计不同于除超薄平直翼以外的其他平直翼设计，适合高速飞行，不仅可大大延缓激波产生的时间，还可降低激波的强度，进而减少飞机飞行阻力。但有利亦有弊，大后掠翼飞机滑跑起降距离较长，另外低速飞行性能不佳，这对飞机的安全性提出了挑战。好在苏联专家找到了解决方法，这就是可变后掠翼技术，即在低速状态下采用小后掠角，提高机翼展弦比；高速飞行时改为大后掠角，以降低飞行阻力，增强加速性能。

但万事都是有利有弊，可变后掠翼也一样，因控制设备增加，机体重量随之变重，让飞机结构相对复杂，增强了操作难度。

（1）气动结构：米格-23机头呈圆锥体，高鳍背影响后视效果。但它不同于米格家族的其他战机，采用了双侧进气设计，机翼部分，悬臂采用上单翼，可变后掠翼，下反角4°，机翼由固定翼和活动翼两部分组成。活动翼前缘可下偏，翼尖平直，无副翼。全动平尾前缘后掠角57°，切角形单垂尾，前缘长度大，起点位于机翼翼根位置。定型后的米格-23歼击机，其主翼后掠角可以在16°/45°/72°之间切换，以符合飞行环境需要，但该机没有配置无级后掠角调节系统。

（2）动力系统：米格-23为单发歼击机，机上搭载1台R-35-300加力涡喷发动机。机身两侧各有一个矩形进气口，进气口及尾喷口可调节，在起落架后的机身两侧有接头，可装助推火箭以缩短起飞距离。

（3）航电系统：米格-23歼击机装1台"高空云雀"J波段雷达，雷达罩下有仪表着陆系统天线。头部上部座舱风挡之前有偏航传感器，右侧有攻角传感器。

（4）武器系统：米格-23歼击机有5个外挂架，可携带不同引导模式的空对空导弹、火箭与其他武器，载弹量2000千克。主要的外挂武器

➤ "鞭挞者"米格-23歼击机机动飞行中

有 2 枚 P-23 中距空对空导弹，4 枚 P-60 近距空对空导弹。米格 -23 除上述外挂武器，各型的辅助武器均为机身内部安装的 1 门 23 毫米 GSh-23 双管机炮，备弹 200 发。

3. 性能参数

（1）基本参数：乘员 1 人（单座）、2 人（双座），机长 16.75 米，翼展全展开（后掠角 18°40′）为 13.97 米、全后掠（后掠角 74°40′）为 7.78 米，机高 4.82 米，机翼面积 37.35 平方米，整体空重 9595 千克，最大起飞重量 18030 千克。

（2）参考性能：最大飞行速度 2.35 马赫，实用升限 18300 米，最大航程 2900 千米，起飞滑跑距离 530 米，着陆滑跑距离用减速伞时为 800 米、不用减速伞时为 1200 米。

4. 服役情况

1970 年米格 -23 量产服役，装备苏联空军歼击 - 轰炸航空兵团，是苏联 20 世纪 70-80 年代主要歼击截击机机种之一，装备总数约 3000 架，此外米格 -23 大量出口世界各国。

在 1982 年 6 月的黎巴嫩贝卡谷地之战中，叙利亚的米格 -23BN 在袭击以色列的目标时，由于空袭计划组织无序，加之以色列防空部队严阵以待，叙利亚有多架米格 -23BN 被以色列的自行高炮击落。

1985 年，苏联给西非的安哥拉提供了 50 架米格 -23MF，古巴飞行员驾驶的米格战机与南非空军的幻影 F1C 和幻影Ⅲ展开空战。南非幻影Ⅲ率先击落安哥拉 1 架米格 -23MF，之后安哥拉米格 -23MF 用近距空空导弹击落数架南非幻影 F1C 和幻影Ⅲ，空战中安哥拉空军获胜，夺取了制空权。

在长达 8 年的两伊战争中，伊朗空军的 F-14A "熊猫"战机用于侦察和轰炸，伊拉克的米格 -23MF 用于截击 F-14A，双方均无战果。

1989 年利比亚空军的两架米格 -23 被美军两架 F-14 舰载机击落。

在 1991 年的海湾战争期间，伊拉克空军与美国为首的多国部队空军展开激战，伊拉克的米格 -23MF 被美国空军 F-15C 击落 6 架，米格 -23MF 用空对空导弹击落 1 架 F-16。

在 1974 年到 1985 年的叙以冲突中，从 1974 年 4 月 19 日到 1983 年 10 月 4 日，由于以色列空军战机落后，以色列有 17 架歼击机被叙利亚空军的米格 -23 歼击机击落。1981 年以色列空军装备了性能先进的 F-16 战机，从 1982 年 6 月 7 日到 1985 年 11 月 20 日，以色列空军的 F-16 歼击机击落叙利亚米格 -23 歼击机 12 架。

2002 年 4 月，叙利亚空军 1 架米格 -23 击落以色列 1 架无人侦察机。

2014 年 3 月 23 日，土耳其 F-16 歼击机击落 1 架叙利亚米格 -23 歼击机。

2016 年 7 月 7 日，利比亚空军在针对 ISIS 的军事行动中，1 架米格 -23BN 战斗攻击机被 ISIS 击落。

1989 年 7 月 4 日，驻波兰苏军 1 架米格 -23 因发生机械故障失控，在飞行员弹射逃生后，这架飞机奇迹般地继续飞行 900 千米，飞越波兰、民主德国、联邦德国、荷兰、比利时 5 国领空，最后因燃油耗尽在比利时坠毁。

2017 年 7 月 6 日，印度军方 1 架米格 -23 训练时发生机械故障，在印度西北部拉贾斯坦邦坠毁。

米格 -23 对地攻击型武器挂载量大，低空突防速度大，是一种对地攻击能力较强的歼击轰炸机。但是作为一种制空歼击机，米格 -23 的战史导致其被认为生不逢时，以至于不得不与西方先进的第四代歼击机对抗，造成了其总体上可称悲剧的战史。米格 -23 歼击机在整体性能上属于第三代歼击机，与第四代歼击机相比，米格 -23 的航电设备简单落后，抗电子干扰能力不强。

垂直起降的"鹞"式歼击机

"鹞"式歼击机，是一种亚声速单座单发垂直 / 短距起降歼击机，是英国原霍克飞机公司（已并入英国航宇公司）和布里斯托尔航空发动机公司研制的世界上第一种实用型垂直 / 短距起降歼击机。1957 年开始研制，历时九年，于 1966 年 8 月 31 日首飞，1967 年被正式命名，1969 年 4 月开始批量生产装备部队。其主要作战任务是海上巡逻、舰队防空、攻击海上目标、侦察和反潜等。美国曾向英国进口了"鹞"式歼击机，这批飞机被命名为 AV-8A。1979 年至 1981 年 11 月，对其改进后称为 AV-8B。随后又有 47 架在役的 AV-8A 被改进为 AV-8C。这三型"鹞"式歼击机都在美国海军陆战队服役。

1. 研制背景

20 世纪 50 年代，航空兵在夺取制空权、要地防空、对地对海攻击中发挥着日趋重要的作用。机场和航空母舰成为敌方攻击的高价值目标。在这一背景下，对机场条件要求较低，具备垂直 / 短距起降能力的作战飞机发挥的作用也愈加凸显。20 世纪 60 年代，似乎成为战后世界航空业迅猛发展的分水岭。伴随东西方冷战对抗的深入，大量先进技术得以突破，创新思维得以应用；可变后掠翼、垂直起降技术受到大力追捧，各国实践成果也接踵而至。同期现身或开始论证的还有米格 –27、苏 –17 可变后掠翼歼击轰炸机，英、德、意三国联合出品的"狂风"可变后掠翼歼击轰炸机。英国的"鹞"式垂直起降歼击机最具革新创意。"鹞"式歼击机于 1957 年开始研制，1969 年 4 月装备部队。"鹞"式的出现，改变了传统战机的作战模式，赋予其超乎寻常的机动和作战能力，从而引发世界各国的广泛关注。

➤ "鹞"式歼击机

2. 结构特点

（1）气动结构："鹞"式歼击机采用单座后掠翼气动布局，机身前后有 4 个可旋转 0°～98.5° 的喷气口，提供垂直起落、过渡飞行和常规飞行所需的动升力和推力，机翼翼尖、尾部和头部有喷气反作用喷嘴，用于控制飞机的姿态和改善失速性能。

（2）动力系统：1 台劳斯莱斯飞马 105 推力向量涡扇发动机，加力推力 96.7 千牛。其独特设计是发动机前后有 4 个喷管，可使推力转变方向。

（3）航电系统："鹞"式歼击机装备了"蓝狐"雷达，使用了 2 台 RT-1250A/ARC 超高频 / 甚高频通信电台，R-1379B/ARA-63 全天候着陆接收机，RT-1159A/ARN-118 塔康，RT-1015A/APN-194（V）雷达高度表，CV-3736/A 通信 / 导航 / 识别数据转换器，RT-1157/APX-100 敌我识别器，AN/ASN-130A 惯性导航系统，CP-1471/A 数字大气数据计算机，SU-128/A 双层玻璃平视显示仪和 CP-1450/A 显示计算机，IP-1318/A 数字阴极射线管显示指示器，以及地图显示器。

（4）武器系统："鹞"式歼击机有 7 个外挂架，可携带不同引导模式的空对空导弹、火箭与其他武器，载弹量 2270 千克（GR 型）和 2720 千克（GR3、AV-8A/S 型）。主要的外挂武器有 6×AIM-9"响尾蛇"空对空导弹或 4×AGM-65"幼畜"空地导弹，宝石路系列激光制导炸弹（包括 3 千克和 14 千克练习弹），4×LAU-5003 火箭吊舱（19×crv770 毫米火箭）4×Matra 火箭吊舱（18×68 毫米火箭）。除上述外挂武器，各型的辅助武器为 1 具 GAU-12U25 毫米航炮（左侧吊舱）、300 发备弹（右侧吊舱）（美国海军陆战队、西班牙军队和意大利军队配置）。

3. 性能参数

（1）基本参数：该机乘员 1 人，机长 14.12 米，翼展 9.25 米，机高 3.55 米，机翼面积 22.6 平方米，整体空重 6745 千克，最大起飞重量 8595 千克（垂直起飞）、14061 千克（短距起飞）。

（2）性能参数：最大飞行速度 1085 千米 / 时（0.87 马赫），实用升限 15170 米，最大航程 2200 千米，作战半径 1000 千米，翼载荷 622 千克 / 平方米，推重比 1.15（垂直起飞）、0.7（短距起飞）。

4.服役情况

"鹞"式歼击机拥有独特的垂直起降能力，具有中低空性能突出、可分散配置、可随同战线迅速转移等优点。其缺点是航程短、载弹量小，作战效率不高。但是"鹞"式歼击机独特的垂直起降方式有利于在中小型航母上使用。自服役以来，"鹞"式系列歼击机多次参与重要战争，包括英阿马岛战争、海湾战争以及阿富汗战争。

马岛战争：1982年2月26日，英国和阿根廷在美国纽约就马尔维纳斯群岛（英国称"福克兰群岛"）归属问题展开谈判，遗憾的是双方未能达成一致意见，谈判破裂，英阿关系开始恶化。当时阿根廷国内的经济和人权问题日益严重。为转移公众的视线，军政府选择自认为是一场轻松取

胜的战争来缓解国内危机。于是阿根廷军政府决定以武力收复马岛。1982年4月2日和3日，阿根廷陆海空三军突击队先后在马岛斯坦利港和南乔治亚岛登陆，实施军事占领，英阿马岛战争由此爆发。英国政府做出迅速反应，派出包括"无敌"号和"竞技神"号航空母舰在内的特混舰队，不远万里，劈波斩浪奔赴南大西洋。在英阿马岛对抗中，总共28架"鹞"式携带美国提供的 AIM-9 空空导弹，出动 2376 架次，空战中击落阿根廷各型歼击机 21 架，以 21 ：0 的辉煌战绩创造了空战史上的纪录，"鹞"式歼击机从此一战成名，蜚声海外。阿根廷飞行员谈之色变，称之为"空中黑色魔鬼"。

　　海湾战争：1991 年 1 月 17 日海湾战争爆发，首次参战的美国 AV–8B（"鹞"式的改进型）歼击机先后出动 3000 余架次，飞行 4000 余小时，摧毁伊拉克军队大量装备，为战争胜利做出了贡献。在这次战争中，美国有 7 架"鹞"式战机被伊军防空导弹击中，而作为海军陆战队主力的 F/A–18 歼击机则完好无损。

　　"鹞"式战机虽然具有垂直起降的优点，但这种飞机性能不稳定，安全系数不高。1971 年美国海军陆战队从英国引进这种飞机，十几年以来，在训练中共发生了 300 多起事故和 900 多次险情，造成 45 名飞行员丧生。20 世纪 70 年代中期，某"鹞"式飞行中队接连发生坠机事故，造成机毁人亡的重大损失。飞行员给"鹞"式战机取了个十分不雅的绰号，称其为"寡妇制造者"。据统计，AV–8A（B）一半多在事故中坠毁。

　　全球金融海啸后，英国政府迫于沉重的财政压力，不得不削减国防预算，结果"鹞"式歼击机走出了历史。2013 年 12 月 15 日，英国空军在英国 Cottesmone 皇家空军基地举行"鹞"式战机退役仪式，宣告这款服役半个世纪的歼击机正式退役。

"雷"式歼击机：SAAB-37

SAAB-37"雷"式歼击机，是瑞典SAAB（萨博）公司于20世纪60年代研制的全天候多用途歼击机。SAAB-37"雷"式歼击机被称为Viggen，1971年SAAB-37"雷"在瑞典空军服役。该机采用了独特的近距耦合固定式鸭翼和三角主翼的气动布局，具有短距离起降性能、用途广泛等特点。

1. 研制历程

1952年，瑞典空军就在考虑让SAAB（萨博）公司开始预研新型歼击机取代服役不久的SAAB-35"龙"式歼击机。瑞典空军的对新型歼击机的性能要求主要是：短距离起降，起降滑跑距离不超过500米，这是瑞典空军对歼击机的一贯要求；最大速度能达到2马赫，能执行高、低空截击和低空突防任务。

整个论证过程长达10年之久，其研制过程经过了无数挫折，但各种方案的设计工作依然有条不紊地进行。在100多种方案中挑选出了"项目1534"的方案。而在此之前，瑞典国会批准了瑞典空军要求研制新型战机的议案，但是因财政紧缩，对新机的研制经费和采购费用均提出了严格要

➤ SAAB-37"雷"式歼击机

求。1962年，SAAB（萨博）公司完成战机的设计并确定了设计方案，随即开始了研制工作。为确保战机有足够的动力，瑞典沃尔沃航空发动机公司取得了美国普拉特·惠特尼公司JT8D型涡扇发动机的生产许可证。为了加大发动机推力，适应瑞典的使用环境，沃尔沃将JT8D的燃烧室加装加力燃烧室，开始生产瑞典版的JT8D。该发动机命名RM8A型涡扇发动机，单台推力65.66千牛、加力推力为117.6千牛。1967年，SAAB-37首次试飞成功。为了获得更可靠的试验效果，SAAB（萨博）公司一共制造了7架原型机用于试飞不同的试验项目。1968年，SAAB-37通过了瑞典空军的验收，初步订购了超过800架，后来因为冷战结束，只生产了329架。1970年，SAAB-37试飞工作全部完成，1971年开始量产服役。

2.结构特点

（1）气动结构：SAAB-37采用带有副翼的近距耦合固定式鸭翼和小展弦比三角主翼的气动布局。主翼为无尾三角翼，前缘有锯齿。主翼后缘安装两段式液压升降副翼。主翼前缘有三种后掠角，内侧为45°，中间稍小于60°，外侧稍大于60°。鸭翼为简单三角翼，前缘后掠角58°，鸭翼上安装了后缘襟翼。

（2）动力系统：1台瑞典国产的RM8A型涡扇发动机，正常推力65.66千牛，加力推力117.6千牛。由沃尔沃公司根据要求将JT8D型民用涡扇发动机改进成歼击机军用RM8A型。

（3）航电系统：各种机载设备包括自动速度控制系统，平视显示器，飞行姿态参考系统、电台和战斗机数据链设备，SKC-2037数字式中央计算机，数字式大气数据计算机，KT-70L惯性测量设备，SA07数字式自动飞行控制系统，雷达高度表，多普勒导航设备，SATT雷达警告系统，雷达显示系统和电子对抗设备，战术仪表着陆系统，微波扫描波束着陆引导系统。

（4）武器系统：SAAB-37"雷"式主武器为1门30毫米航炮，射速1350发/分，炮弹初速1030米/秒，备弹150发，射程约2000米。机身可外挂多种航空炸弹和空空导弹。载弹量为3600千克。

3.性能参数

（1）基本参数：乘员 1 人，机长 16.4 米，翼展 10.6 米，机高 5.9 米，机翼面积 46 平方米，展弦比 2.45，前翼翼展 5.45 米，前翼面积（外露面积）6.20 平方米，整体空重 9500 千克，正常起飞重量 15000 千克，最大起飞重量 18000 千克。

（2）参考性能：最大飞行速度 2.0 马赫（高度 11000 米），巡航速度 1.2 马赫，实用升限 18500 米，爬升率 203 米 / 秒，爬升时间（从松开刹车至高度 10000 米，开加力）1 分 40 秒，进场速度约 220 千米 / 时。转场航程 2000 千米，作战半径 1000 千米（带副油箱）。起飞滑跑距离 400 米，着陆滑跑距离 500 米，限制过载 +8g。

SAAB-37 歼击机是瑞典 SAAB（萨博）公司最经典的机型之一。SAAB-37 真正的优势在于瑞典空军很早就开始使用的数据链，最多允许 4 架飞机共享信息，提高了飞行员的战场感知能力和空战协同效能。20 世纪 90 年代开始，随着性能更先进的 JAS39"鹰狮"的服役，SAAB-37 战机陆续退役。在 1982—1988 年期间，SAAB-37"雷"式战机超过 50 次成功拦截了执行侦察任务的美军 SR-71"黑鸟"高空侦察机。

第六章

战后中坚：第四代歼击机

Chap.6

第四代歼击机是指在 20 世纪 70 年代中期至 80 年代相继开始服役的歼击机。这一代歼击机吸取了第三代歼击机设计和使用上的经验，加上诸多实战与演习表现出来的问题和需求，融合之后成为 20 世纪 80 年代至 21 世纪初最主要的角色，使用第四代航空发动机。代表机型包括美国 F-15、F-16 歼击机，苏联的苏 -27 歼击机、米格 -29 歼击机，法国的"幻影"2000 歼击机等。

"美利坚之鹰"：F-15歼击机

F-15是美国麦克唐纳·道格拉斯（简称麦道）公司（现波音）为美国空军研制生产的双引擎、全天候、高机动性空中优势歼击机。该机从问世的那天起，号称"美利坚之鹰"。

F-15属于世界上相对成熟的第四代歼击机，自然是一款较为优秀的多用途歼击机。F-15歼击机采用串列双座后掠翼气动布局，安装2台普拉特·惠特尼集团（简称普·惠）公司生产的涡扇发动机，具备高机动性作战能力。F-15具备完善的全天候作战能力，主要遂行夺取制空权作战任务，并发展出对地攻击作战改型。该机于1972年7月首次试飞，1974年F-15量产交付美国空军使用。F-15服役30余年，2006年以后陆续被新一代歼击机F-22所取代。

1. 研制背景

第二次世界大战结束后，美国政府和军方认为，未来的战争必将是一场核大战。传统的空中格斗变得不合时宜，取而代之的是防空截击。歼击机设计理念也将发生重大转变，由传统的空中机动转而强调核武器投射能力和防空截击能力。正是由于这一观念的产生，使得美国在20世纪40年代末至60年代初，在歼击机的发展上走了许多弯路。

➢ F-15歼击机

1950 年朝鲜战争爆发，这一时期美国空军装备的歼击机因强调多用途化，机体庞大而导致机动性下降，出现了大而无用的尴尬局面，在空战中因体型大灵活性差不占优势。1961 年以后，美军全面介入越南战争。由于缺乏专用歼击机，美国空军不得不使用机型大、机动性差的歼击轰炸机 F-4 与越南的米格 -17、米格 -19 等轻型歼击机进行空中格斗，原来的多用途性能根本派不上用场。加之越南气候温暖湿润，美军先进的空对空导弹水土不服，故障频发。在越战初期，美国空军多数歼轰机依赖空对空导弹而没有装备机炮，以至多次出现占据有利位置，却因空空导弹发生故障，错失良机不能击落敌机的情况。美国空军自 1953 年后就取消了空中格斗训练课程，飞行员普遍缺乏空中格斗战术，导致空战能力大幅下降，从而使得第三代歼击机英雄无用武之地，在空战中没有任何优势。

为了适应战场要求，美国空军给歼击轰炸机加装航炮吊舱作为应急措施，但这种吊舱射击精度不高，又影响机动性。无奈之下美国空军只得另起炉灶，在新的 F-4E 上安装了内置机炮，取得了较好成效。后来统计在 F-4E 击落 21 架敌机的战果中，有 7 架是被航炮击落的，占击落敌机总数的三分之一。但作为第三代歼击机代表的"鬼怪" F-4 毕竟不是专用的制空歼击机，美国空军一线部队迫切需要一种空战性能优异，能真正的用于夺取制空权的歼击机。现实问题迫在眉睫，刻不容缓，在此大背景下 F-15 应运而生。

2. 建造历程

F-15 是由 1962 年展开的 F-X 计划发展而来。1966 年 4 月，美国空军指定麦克唐纳·道格拉斯、北美 - 洛克韦尔和费尔柴尔德 - 共和三家飞机制造公司参与 F-X 计划竞争。

作为技术发展研究的先行者，在 F-X 计划紧锣密鼓地展开时，美国航空航天局也在进行歼击机气动外型的相关研究并提出了 4 种布局方案，含可变翼方案（LFAX-4）、固定翼方案（FAX-8）、双发上单翼方案（LFAX-9）和与苏联米格 -25 外形相似的方案（LFAX-10）。1967年，美国航空航天局兰利研究中心发布了他们的研究成果，即 LFAX-8（LFAX-4 的固定翼方案）。

1968 年，美国国防部正式要求美国航空航天局参与 F-15 发展计划。

有一个关键人物起了决定性作用，那就是约翰·佛斯特博士，当时他正担任美国国防部研究工程局总监。约翰·佛斯特认为，首先美国航空航天局提出的飞机方案使得 F-15 采用的先进技术更加具体化，同时可以作为厂家方案的技术上限；其次美国航空航天局及其解决问题的专业意见，有助于最大限度地减小 F-15 发展过程中的风险和问题。约翰·佛斯特博士的建议促使国防部做出要求美国航空航天局参与 F-15 发展计划的决定。

　　1968 年 9 月 30 日，经过一段时期的争论之后，美国空军终于发布详细的 F-X 方案。美国空军指出新型歼击机应该具有低翼载荷、高推重比，在 0.9 马赫速度附近具有良好的机动性能；装备脉冲多普勒雷达，具有下视下射能力；足够的转场航程，可以无须空中加油自行部署到欧洲基地；最大飞行速度要求达到 2.5 马赫（不过这一条要求只在理论上达到过。由于代价高昂以及复杂性，F-X/F-15 在挂弹后速度被限制在 1.78 马赫）；单座构型，在空战时的重量要求不超过 18144 千克；以及其他一些和疲劳寿命、维护性、可视性、自启动能力等相关的要求。

　　1968 年 10 月 24 日，美国空军将 F-X 定名为 ZF-15A。空军 F-15 系统计划办公室于 1968 年 12 月 30 日收到麦克唐纳·道格拉斯、北美 - 洛

➤ 巡航中的 F-X/F-15

克韦尔和费尔柴尔德 – 共和三家竞标公司的投标方案，标价均为 1540 万美元。这三种方案中，北美和费尔柴尔德的方案均采用单垂尾设计，麦克唐纳·道格拉斯采用双垂尾设计，其他方面没有明显差别。美国空军经过周密的评估之后，于 1969 年 12 月 23 日正式宣布，在 F-15 计划竞标中，麦克唐纳·道格拉斯公司所提出的设计方案获胜，成为 F-15 计划主承包商，普拉特·惠特尼公司成为 F-15 发动机的承包商。

1970 年 1 月 1 日，美国空军与麦克唐纳·道格拉斯公司的 F-15 发展合同正式生效，F-15 开始进入全尺寸研制阶段。1971 年 4 月 8 日，美国空军对 F-15 的评审工作最终完成。1972 年 6 月 26 日，第一架原型机 YF-15A（71-0280，代号 F-1）出厂。1972 年 7 月 27 日，在爱德华兹空军基地，麦克唐纳·道格拉斯首席试飞员欧文·L. 保罗斯驾驶 YF-15AF-1 起飞，这只"雏鹰"开始首次飞行。此次飞行持续时间 50 分钟，最大飞行高度 3658 米，飞行速度 1463 千米 / 时。此后，9 架单座原型机（F-2/10）和 2 架双座原型机（TF-1/2）陆续试飞。

3. 结构特点

（1）气动结构：F-15 采用串列双座后掠翼气动布局，设计为切尖三角翼翼形，前缘后掠 45°，机翼翼根相对厚度为 6%，翼尖相对厚度为 3%，机翼的展弦比达到了 3，根梢比为 5；垂尾采用大展弦比、中等后掠角设计，前缘后掠角 37°，外倾 2°；采用大后掠全动低平尾设计，前缘后掠角 50°，前缘锯齿和翼尖斜切设计；机身背部装备了单块减速板，最大开度可达 35°，即使在任何速度下打开，也不会改变飞机的俯仰姿态。

F-15 机身采用全金属半硬壳设计，机身可划分为前、中、后三段。头部雷达罩、座舱和电子设备舱在前段，中段主要是机翼，后段是钛合金结构发动机舱。锯齿形前缘的全动平尾面积较大，适合高速飞行和各种机动动作。

飞行员座舱整体风挡的设计为飞行员提供良好的视野，座椅位置设计的较高，飞行员几乎只有 2/3 个身子在机身内，使得飞行员拥有上半球 360 度环视视界，正前方下视角达到 15°。

（2）动力系统：F-15 歼击机早期装备 2 台普拉特·惠特尼公司生产的 F100-PW-100 涡扇发动机，1991 年后换装推力为 129 千牛级的 F110-

➢ 起飞中的 F-15

GE-129 或 F100-PW-229 涡扇发动机。普拉特·惠特尼公司研制的 F100-PW-100 涡扇发动机单台静推力 65.2 千牛，加力推力高达 111.2 千牛，为 F-15 的优异性能提供了强大的动力。

（3）航电系统：F-15 歼击机具有多功能的航电系统，包含了抬头显示器、超高频通信、战术导航系统与仪器降落系统，火控雷达，姿态/方向参考系统，电子干扰吊舱，塔康系统，惯性导航系统，火控系统，大气数据计算机，中央数据计算机等。

（4）武器系统：F-15 歼击机有 6 个翼下挂点、4 个机身外侧挂点、1 个机身中线挂点，总外挂可达 7300 千克，能搭载多种空对空武器。F-15 能够携带 AIM-7"麻雀"、AIM-9、AIM-120 等空对空导弹，其中进气道下方外侧可以挂载 AIM-7 和 AIM-120，机翼下的多功能挂架可以挂载 AIM-9 和 AIM-120。F-15 还可以挂载美国空军各种航空炸弹，包括自由落体核弹，以及 2000 千克 GBU-28 地堡穿透炸弹。此外在右侧进气道外侧还有 1 座 M61A1 火神机炮。

F-15 搭载有自动化的武器系统与手置节流阀与操纵杆，飞行员只需使用节流阀杆和操纵杆上的按钮，就可以十分便捷地进行空战。所有的设定与视觉导引都会清晰地显示在抬头显示器上。

4. 性能参数

（1）基本参数：乘员 1 人（A/C）、2 人（B/D/E），机长 19.45 米，翼展 13.05 米，机高 5.65 米，机翼面积 56.5 平方米，整体空重 12973 千克，最大起飞重量 30845 千克。

（2）参考性能：最大飞行速度 2.5 马赫，实用升限 19800 米（A/B/C/D 型）、15000 米（E 型），最大航程 C 型 5556 千米（携带适型油箱与三个外挂副油箱），作战半径 1967 千米，爬升率 254 米 / 秒，翼载荷 546 千克 / 平方米，推重比 0.85，限制过载 + 9/-3G，起飞滑跑距离 274 米（截击），着陆滑跑距离 1067 米（截击，不用减速伞），续航时间：无空中加油 5 小时 15 分，空中加油 15 小时。

5. 服役动态

1974 年，F-15A 歼击机投入量产交付美国空军使用，F-15 服役 30 余年，总生产数量 1200 余架，各种改型多达 20 余种。其中 F-15X 在 F-15C 基础上发展为制空型，作为 F-22 计划的一个低成本备份方案。F-15 外销以色列、沙特、日本、韩国、新加坡五个国家。参加大小军事冲突 100 余场，击落敌机 100 余架。

6. 实战应用

1982 年的第五次中东战争期间，以色列空军击落叙利亚的苏制战机共 90 架，包括米格 -21 与米格 -23 歼击机和少量的米格 -25 截击歼击机，其中一部分是 F-15 的战绩。但叙利亚人也声称，1982 年 8 月 6 日，叙利亚的米格 -21 战机用 1 枚 AA-8 "蚜虫" 空对空导弹击落了 1 架以色列的 F-15A。同时也有资料指出，1983 年 10 月，叙利亚空军的米格 -23ML 击落 3 架以色列空军的 F-15。

1984 年在沙特阿拉伯与伊朗的军事冲突中，沙特空军 F-15 击落伊朗空军 2 架 F-4。

在 1991 年的海湾战争中，美国空军 F-15C、D、E 型战机参与了空战和对地攻击任务。F-15C/D 型歼击机共出动 5900 架次，F-15E 型歼击机出动 2200 架次。美军 F-15 战绩斐然，共击落伊拉克各型飞机 36 架，而己方没有一架受损。在海湾战争中，F-15 除参与了夺取制空权的战斗外，还执行了对地攻击任务。F-15 以其卓越的空战能力和超大容量的载弹量成为真正意义上的多用途战机。

在 1999 年科索沃战争中，美国空军 F-15C 战机击落南联盟米格 -29 战机 4 架。2001 年以色列空军 F-15C 击落叙利亚空军米格 -29 战机 2 架。2001 年 1 月美国军方宣称，F-15 战机在夺取制空权的战斗中战绩卓著，截至 2000 年 12 月，F-15 在空战中取得了击落敌机 104 架而未被击落的战绩。1981 年 7 月 9 日，叙利亚声称 1 架米格 -25PD 击落了以色列空军 1 架 F-15，残骸坠入地中海。虽然 F-15 歼击机在空战中战绩突出，但也有马失前蹄时，如在 1991 年海湾战争中，执行对地攻击的 F-15E 遭到地面炮火的袭击而损失 2 架。

7. 总体评价

F-15 是世界上第一种性能优异的第四代歼击机，在设计之初便强调高推重比、低翼载荷和短距起降。F-15 爬升率高、转弯半径小、机动性能突出。美国空军的设想是用 F-15 替换在越南战场上问题层出不穷的 F-4 歼击机，并要求对 1975 年之后出产的所有敌方歼击机保持绝对的空中优势。F-15 是为了夺取和维持制空权而诞生的歼击机。1986 年出产的 F-15E 证明了 F-15 在对地攻击中也有不俗的表现。事实表明，F-15 是一款十分优异的多用途歼击机。

F-15 歼击机的优势是，与以往任何一种歼击机相比较，F-15 具有卓越的操纵性、机动性、航程、火力和电子设备。无论是在有支援的本方空域，还是敌方空域，F-15 的电子系统和武器系统都能卓有成效地发挥作用。

"战隼"：F-16 歼击机

F-16 歼击机，外号"战隼"，是 20 世纪 70 年代美国通用动力公司为美国空军研制的单座单发空中优势歼击机，与 F-15 歼击机一道是 20 世纪 80 年代至 21 世纪初，美国空军主力歼击机之一。1993 年洛克希德收购了通用动力的航空业务，在此之后 F-16 歼击机被称为洛克希德 F-16。

1. 研制背景

1965 年 3 月随着美国直接参战，越南战争全面爆发，美国的第三代歼击机"鬼怪"F-4 投入实战。F-4 于 20 世纪 60 年代初开始装备美国空军，强调高空高速性能和多用途是这代歼击机的显著特点，对加速、减速、转弯等机动性能重视不够。从越南战场实战效果来看，美国研制的第三代歼击机并不很成功，高空高速战机没有用武之地。这并不是说研制工作有问题，也不是这一代歼击机的技术水平和性能没有提高，而是由于美军对作战方式的预测与实际情况有很大的差别。争夺制空权要求战机具有良好的机动性，片面追求高空高速就显得不合时宜。根据战争的实际需求，从60年代中后期开始美国空军就着手研制第四代歼击机。

1975年，美国空军第一种性能卓越的第四代歼击机F-15开始服役。与上一代歼击机F-4相比，F-15的操纵性、机动性、速度、航程等性能有了极大的提高，而且作战效能显著增强，在实战中战果辉煌，是一款优异的多用途歼击机。但是F-15价格昂贵，F-16虽然档次不高，但要大量装备就必须真金白银，大手大脚惯了美国此刻也拨起了小算盘，几经比较，还是觉得财力不够。这下让美国军方犯了难，一边是需要，一边是没钱。最终不得不"曲线救国"，搞出一个"高低搭配"的折中方案，也就是高性能飞机与性能和价格相对较低的飞机各取一定比例搭配使用。于是，"低档飞机"F-16便成了F-15战机的搭配对象。

2.建造历程

为了节省军费，1972年初，美国空军正式提出新型歼击机的研制计划，目的是验证在歼击机上采用新技术，并没确定要发展一个投产型号。其实一开始F-16并不是作为与F-15搭配的"低档飞机"来研制的，它是美

➤ F-16歼击机

国空军新型歼击机研制计划的竞争型号。美国空军提出的主要技术标准是最大飞行速度 2 马赫，升限 18000 米，在 9000 米高度从 0.9 马赫加速到 1.5 马赫所需时间不超过 1 分钟，在 12000 米高度、速度为 0.9 马赫时的过载为 3 ～ 4g，要求飞机的体积小、重量轻、价格相对便宜。1972 年 4 月，五家投标公司向美国空军递交了方案。美国空军经过周密的评估，从中选定通用动力公司的 401 和诺斯罗普·格鲁曼公司的 P-600 两个方案，并与两家公司签订合同，要求各制造两架原型机，开展试飞竞争。通用动力公司的 401 方案军用编号为 YF-16，诺斯罗普·格鲁曼公司的 P-600 方案军用编号为 YF-17。1973 年 12 月，第一架 YF-16 和第一架 YF-17 原型机相继出厂，1974 年 2 月首次试飞。

　　1974 年 4 月，美国军方开始了对 YF-16 和 YF-17 两种原型机的评估工作，决定从两种机型中选择一种投入批量生产，与 F-15 飞机搭配使用，即充当"高低搭配"中的低档飞机。1975 年 1 月，美国空军经过周密的评估两种原型机的各项性能后宣布 YF-16 中选，正式确定飞机的军用编号为 F-16。落选的 YF-17 并没有被打入冷宫，而是被美国海军看上，这就有了后来的 F/A-18 "大黄蜂"舰载机。

　　1976 年 12 月，F-16 试验机首飞。1978 年 12 月，F-16 经美国军方定型，开始批量生产装备美国空军，截至 2001 年 3 月，生产总数达到 4600 架。从 20 世纪 80 年代至 21 世纪初，F-16 成为美国空军的主力机种之一，美国空军共订购了 1859 架。还向多个国家出口 F-16，荷兰、比利时、丹麦、挪威等四国还与美国合作生产。国外用户还有以色列、土耳其、希腊、埃及、巴基斯坦、韩国、泰国、印度尼西亚、新加坡、巴林和委内瑞拉等。外国用户订购总数超过数千架，F-16 因被众多国家使用，所以素有"国际战斗机"的称号。

虽说 F-16 是一种较为低档的飞机，但这是与 F-15 相比较而言，客观地讲，F-16 的性能水平还是不错的。所谓"低档"，主要是指价格和有些性能与 F-15 的差异。如 F-15 为双发，F-16 为单发；F-15 最大飞行速度 2.5 马赫，F-16 最大飞行速度为 1.777 马赫。从技术层面来讲，F-16 性能不仅不低，有些性能甚至比 F-15 更先进，可以说两者各有千秋。而且两者的功能不同，F-15 属于制空歼击机，以空战为主；F-16 属于歼击轰炸机，以对地对海攻击为主。另外，为了降低成本，最初出产的 F-16 电子设备比较简单。后来 F-16 电子设备经过几次升级，其航电设备已日臻完善和先进，作战效能也随之提升。

3.结构特点

（1）气动结构：F-16 采用了翼身融合构型和变弯度自适应机翼，前机身的边条翼可提供额外的升力。F-16 机翼为悬臂中单翼，平面几何形状为切角三角形，前缘后掠角 40°，展弦比约为 3.0，相对厚度约为 4%，基本翼型是 NACA64A-204。机身前沿装有大后掠角的边条翼，机翼前缘有可随迎角和马赫数的变化而自动偏转以改变机翼弯度的前缘襟翼。F-16 通过翼根前缘沿机身两侧向前延伸的大后掠角边条翼来控制涡流，这样的设计增大了在大迎角时的升力，操纵性和稳定性进一步提升。机翼、机身结合处为了避免升力骤变，采用了整流设计使二者融为一体。尾翼为全动平尾，几何外形与机翼类似，下反角 25°，平尾翼根整流罩后部的开裂减速板最大开度可达 60°。立尾较高，安定面大，大迎角时安定性好，可防尾旋。

F-16 歼击机飞机的空战性能很优异，表现在操纵性和机动性上，它选用了边条翼，空战襟翼、翼身融合体、放宽静稳定度、电传操纵和高过载座舱等先进技术，在空战中都有很好的作用。

F-16 机身采用半硬壳、翼身融合体设计，机身到机翼平滑过渡，减少阻力的同时增加了刚度。气泡形的座舱盖为飞行员提供了良好的视野，这种新型的座舱盖可使驾驶员的上半球视野达 360°，左侧至右侧为 260°，前后为 195°，侧下方为 40°，前下方为 15°。弹射座椅采用道格拉斯公司的 IE-2 零一零型，安全弹射的要求是零高度和 0～1100 千米/时的速度范围。控制系统采用四余度电传操纵技术，主要包括信号转换装置、飞行控制计算机、电缆和操控装置。

（2）动力系统：F-16A/B 安装 1 台普惠公司的 F100-PW-200 涡扇发动机，最大推力 64.9 千牛，加力推力 106 千牛。从 1984 年开始，F-16 安装通用电气公司最大推力为 76.3 千牛，加力推力为 128.9 千牛的 F110-GE-100 涡扇发动机，并且要求两种发动机可以相互替换。1991 年开始生产的 F-16C block50 换装了普惠公司的最大推力为 75.6 千牛，加力推力为 129.6 千牛的 F-100-PW-229 和通用公司 F110-GE-129 发动机（最大推力 76.3 千牛，加力推力 131.5 千牛）。

（3）航电系统：F-16A 装 AN/APG-66 脉冲多普勒火控雷达。AN/ARN-108 仪表着陆系统；SKN-2400 惯性制导系统；雷达光电显示设备；中央大气数据计算机；飞行控制计算机等。改进型的 F-16C 采用 AN/APG-68 火控雷达，这种雷达是由 AN/APG-66 发展而成的，探测距离比 AN/APG-66 增大 40%。这种雷达具有随要求和武器变化而重编程序、高分辨力地图测绘、超视距目标识别等能力。

➢ 另类涂彩的 F-16 歼击机

（4）武器系统：F-16 载弹量 7800 千克，有 9 个外挂架。左右翼尖各 1 个，左右机翼下各 3 个，机身腹部 1 个。翼尖和机翼外测挂架只能挂装 "响尾蛇" 导弹，机翼中挂架可挂装格斗导弹或各种空对地武器，机翼内侧挂架可挂装制导炸弹、核弹、常规弹、空对地导弹、子母弹箱和火箭弹。F-16 还装有 1 门 M61A1 火神 20 毫米航炮，备弹 511 发（F-16C）。航炮可与雷达和计算机配合计算前置角，有效射程 1000 米。

4. 性能参数

（1）基本参数：乘员 1 人（A/C/E）、2 人（B/D/F），机长 15.09 米，翼展 9.45 米，机高 5.09 米，机翼面积 27.87 平方米（F-16C），整体空重 8495 千克，最大起飞重量 19185 千克。

（2）参考性能：最大飞行速度 2175 千米 / 时（F-16C、12239 米），实用升限 15239 米（F-16C 型），最大航程 3819 千米（F-16C）、4220（F-16E）千米，作战半径 1967 千米，爬升率 254 米 / 秒，翼载荷 688 千克 / 平方米，推重比 0.77，限制过载 + 9/-3G（F-16C），翻滚速度 270 度 / 秒（F-16C），最大转弯速率 26 度 / 秒（F-16C 瞬间），21.7 度 / 秒（F-16C 持续），起飞滑跑距离 533 米（F-16C），着陆滑跑距离 762 米（F-16C）。

5. 服役动态

F-16 歼击机是美国空军 20 世纪 80 年代至 21 世纪初的主力机种之一。1978 年 12 月，F-16 开始批量生产，生产总数达到 4600 架，外销近 30 个国家和地区。从 1981 年以色列空军袭击伊拉克核反应堆至 21 世纪初，几乎参与了历次大规模战争和局部冲突，其性能经受住了实战考验。

实战表明，F-16 歼击机不仅具有较优异的空战性能，而且具有突出的对地对海攻击能力。它问世不久，美国的中东盟友以色列就购买了 40 架。以色列空军很快就将这种歼击机的优异性能发挥得淋漓尽致。英勇善战的以色列飞行员以二次远程奔袭作战摧毁伊拉克核设施和叙利亚的导弹阵地使得 F-16 名扬天下。1978 年 12 月，F-16 开始在美国空军服役，美国飞行员发现拥有灵活的机身和超大载弹量的 F-16 更适合于对地和对海攻击。

自 F-16 批量列装以色列空军后，其战绩基本应证了美国人的看法。1981 年 6 月 7 日，以军出动 8 架 F-16 和 6 架 F-15，长途飞行 1300 千米（其中 F-16 歼击机经空中加油），对伊拉克首都巴格达附近的一座核反应堆采取行动。F-15 作战术掩护，对地轰炸由 F-16 执行，最终成功将目标摧毁。核设施的顶盖大都是拱形的，打击难度相当大，可见 F-16 的卓越性能。

1982 年的第五次中东战争更是让 F-16 名声大振。叙利亚的萨姆-6 导弹阵地让以色列如鲠在喉。有了上次奇袭伊拉克核反应堆的成功经验，以色列空军直接将 F-16 作为主力，F-15 歼击机为 F-16 提供空中掩护，成功奇袭了叙利亚设在黎巴嫩贝卡谷地的萨姆-6 导弹阵地，通过短短 6 分钟的攻击，以军 F-16 彻底摧毁了叙利亚和苏联苦心经营 10 年的 19 座萨姆-6 导弹阵地。以色列终于拔除了这颗眼中钉，肉中刺。

在 20 世纪 90 年代初的海湾战争中，美国空军 F-16 战机首次参与实战。F-16 战机是这场解放科威特的战争中部署最多的一种战机，平均每架飞机出动 537 次，在美军飞机中出动率最高。执行了战略进攻、夺取制空权、压制敌方防空武器、实施空中遮断等任务，是"沙漠风暴"军事行动中的一大主力装备；1992 年 12 月 27 日，一架在伊拉克南部美军所设"禁飞区"飞行的伊拉克米格-29 战机，被美军一架 F-16C 战机采用 AIM-120 空空导弹超视距击落。这也是 AIM-120 空对空导弹首次用于实战。在 100 多天的海湾战争期间，F-16 出动了 13480 架次执行飞行任务，完好率高达 95.2%。

在 1999 年科索沃战争中，F-16 是多国部队的主力军，执行了大量的军事任务。包括压制敌防空系统、防御性空战、进攻性空战、近距离空战和前沿空中控制。在对地攻击中，F-16 摧毁了南联盟大量雷达阵地、坦克和步兵战车、地面建筑物和南联盟空军机场的军用飞机。

自 2001 年"9·11"事件后，在美国的反恐作战中，F-16 战机起到主要作用，这些战机在阿富汗执行了数千架次的飞行任务，支援美军及其联军的"持久自由行动"。2003 年美国空军在伊拉克战争中向中东地区部署了 60 架 F-16C/D 型、71 架 F-16CJ 型战机。

"侧卫"：苏-27 歼击机

苏-27 歼击机是苏联苏霍伊飞机实验设计局开发研制的一款单座、双发、全天候空优重型歼击机，属于第四代歼击机。苏-27 主要执行国土防

➤ 苏 –27 歼击机

空、战斗护航、海上巡逻等任务。该机 1969 年开始研制，1977 年 5 月首飞，北约所给代号为 Flanker（侧卫）。1979 年苏霍伊飞机实验设计局按军方要求对机体设计做了重大改进，1985 年苏 –27 批量生产进入部队服役。

1. 研制背景

20 世纪 60 年代，苏联米格 –21、米格 –23 和米格 –25 原型机陆续首飞成功，美国感受到了空前的压力。从 1965 年开始，美国军方相继开始了 YF–15 重型歼击机（发展成 F–15）和 YF–16（发展成 F–16）轻型歼击机研发计划，形成"高低搭配"的概念。海军也有了从 YF–17 发展而来的主力舰载机 F/A–18"大黄蜂"。而苏联军方一直密切关注着美国的发展。美苏之间一直保持竞争态势，谁也不甘落后。1968 年，当美国正式开始 F–15 设计时，苏联军方认为必须研制一种在空战能力上不逊于 F–15 的制空歼击机。1969 年，苏联军方将设计任务下达给苏霍伊、米高扬和雅可夫列夫三个飞机实验设计局。1971 年，苏联国防部对未来新型歼击机（PFI）的设计标准提出了极为严格的要求，即未来新型歼击机的性能要达到甚至超越美国 F–15 和正在设计中的 F–16 的水平。参与此项目的有苏霍伊设计局的 T–10（苏 –27 的原型机）、米高扬设计局的米格 –29（MiG–29）以及雅可夫列夫设计局的雅克 –45（Yak–45），经过一番激烈竞争后，苏联军方决定发展重型的苏 –27 与 F–15 对抗，发展轻型的米格 –29 与 F–16 对抗。

2.建造历程

经过两年精心设计,苏霍伊飞机实验设计局在1971年年初提出了T-10方案(苏霍伊内部编号,"T"即Triangular,代表三角翼气动布局,"10"是指苏霍伊设计局的第十种三角翼飞机),设计编号为苏-27,当然,此时该编号尚处在保密状态。T-10方案采用了独特的腹部进气式布局,为降低风险,设计局做了必要的"备份"。T-10侧面设计思路参考了美国的F-14,起初称为T-10-1。在苏霍伊看来,T-10-1的气动性能后期提升空间较大,所以,在设计时投入了大量精力。T-10-1的机翼采用了固定式后掠翼气动布局,后掠角为45°。苏霍伊设计局对T-10-1的性能进行了风洞实验,并根据风洞实验结果进行了测算,测算结果表明T-10-1离空军的要求还有一定的距离。为了进一步改善飞机的性能,达到空军提出的要求,苏霍伊设计局对设计方案进行了修改,如加大机翼面积,减少翼载荷等,这样可以提高飞机的爬升性能。

苏霍伊设计局根据苏联国防部的命令,于1970开始起草T-10原型机方案。苏霍伊设计局在1970—1976年间,为了找到起落架和进气道的最佳结构,挑选了大量的模型。

在发动机的研发上,留里卡土星公司研究人员费尽了心思。经过研究,设计人员决定采用3级低压、9级高压和高、低压涡轮各1级的结构("3+9+1+1"方案)。1975年,苏-27的前期设计工作基本告一段落,空气动力结构、机体设计已经完成,基本设计思路也已经找到,是制造原型机的时候了。首架苏-27原型机T-10-1于1977年初出厂,同年5月20日在俄罗斯诺可夫斯基飞行试验中心完成其第一次试飞。在以后的8个月中,T-10-1进行了38次试飞。1979年苏-27定型投入批量生产,1985年进入部队服役。

3.结构特点

(1)气动结构:苏-27采用翼身融合体技术,机身为钛金属半硬壳式结构,机头略向下垂,机翼呈传统的三梁式,四余度电传操纵系统,悬壁式中单翼,翼根外有光滑弯曲前伸的边条翼,后掠翼的前沿延伸融入机身,基本上形成三角形。为增加稳定性,该机搭配了标志性的双垂尾翼和

一对向下伸展的尾鳍。苏-27楔型进气道位于翼身融合体的前下方,有很好的气动性能,进气道底部及侧壁有栅型辅助门,以防起落时吸入异物。

(2)动力系统:2台LyulkaAL-31F涡扇发动机,由留里卡土星"科研生产联合体"研制,它是在AL-21的基础上发展而来的。AL-31F的结构形式是双转子加力式涡轮风扇发动机。其性能优良,具有尺寸小、推力大、稳定性高、维修简便、使用寿命长等优点。

(3)航电系统:所配雷达具有抗干扰能力强、全周上视/下视追踪目标能力突出的特点,锁定、跟踪目标的设备和手段多样。此外该机还搭载有数字化数据处理器以及带红外探测追踪传感器和光学/电视瞄准的光电设备。其飞行员所配头盔瞄准具和脸部处理器,可以直接处理雷达和光电系统的数据资料,并显示在阴极射线管显示器上;座舱内装备平视显示器和单色阴极显示器。

(4)武器系统:载弹量6800千克,固定武器为一门30 mmGSh-30-1机炮。

4.性能参数

(1)基本参数:乘员1人,机长21.935米,翼展14.70米,机高5.932米,机翼面积 62.0 平方米，整体空重 17450 千克，正常起飞重量 22500 千克，最大起飞重量 33000 千克。

（2）参考性能：高空最大飞行速度 2.35 马赫（2876 千米 / 时），实用升限 18000 米。

5. 服役动态

1985 年苏 -27 开始批量生产进入部队服役，苏联以及俄罗斯约制造了 680 架苏 -27，这只是指苏 -27，并不包括之后的衍生型号。苏 -27 还出口印度、越南、马来西亚、印度尼西亚、埃塞俄比亚、安哥拉、乌干达、委内瑞拉等 15 个国家。此外，印度斯坦航空公司取得了在 2020 年前再生产 140 架苏 -27 的生产许可。

6. 苏 -27 花絮

（1）"空中手术刀"事件

1987 年 9 月 13 日上午，挪威空军第三三三飞行中队的一架 P-3B 反潜巡逻机，飞临巴伦支海上空的苏联沿岸执行侦察任务。10 时 39 分，这架 P-3B 反潜巡逻机遇到一架素未谋面的苏联空军新战机，苏军战机两次贴近挪威反潜巡逻机飞行并驱逐这架反潜巡逻机。10 时 56 分，受到两次驱逐后，P-3B 反潜巡逻机仍然没有离开。此时苏军飞行员决定采取行动驱逐，在苏联海岸线附近，苏军飞行员驾驶战机第三次逼近这架反潜巡逻机，在调整战机方向和位置后，突然加速从 P-3B 的右翼下方掠过，战机垂尾尖端撞上了 P-3B 右侧引擎的螺旋桨叶片，损坏的桨叶碎片像手术刀一样，将 P-3B 右翼的发动机划开一个大口子，强大的惯性将碎片甩出去击穿了 P-3B 机身，导致 P-3B 机舱内失压，P-3B 的飞行高度迅速下降了 3000 多米，在坠海前的关键时刻才勉强改平，P-3B 反潜巡逻机飞行员惊恐万分，驾机仓皇逃遁。这次惊险的冲突就是冷战时期著名的"巴伦支海上空手术刀"事件。而那架首次现身的神秘战机，就是日后威名远扬的苏 -27 歼击机。

（2）惊世的"眼镜蛇"机动

军事大国的军事工业保密制度极为严格，苏 -27 的性能被完全公开，是在其服役四年后的 1989 年 6 月的巴黎国际航展上。苏联派出 2 架苏 -27

飞机参加了巴黎国际航展，最为精彩的是飞行表演。为了充分展示苏 -27 的优异性能，苏联派出特技飞行员进行飞行表演，单座型苏 -27 由普加乔夫驾驶，双座型苏 -27 由弗罗洛夫驾驶。普加乔夫不负众望驾驶飞机一气呵成，完成了一连串高难度的特技飞行。他的精彩表演赢得了观众的阵阵喝彩，给在场观众留下了极为深刻的印象。其中后来被命名为"普加乔夫眼镜蛇"的动作最为神奇。水平飞行的飞机突然急剧抬头，但不上升高度，而是继续向前飞行，迎角增大至 90°、100°、110°、120°，飞机"尾部朝前"飞行，由于空气的阻力突然加大，飞机飞行速度瞬间减小到 150 千米 / 时，然后飞机改平，恢复原状。这就是驰名世界的"普加乔夫眼镜蛇"机动。苏 -27 战机顽强的生存能力在巴黎航展上得到充分证实。弗罗洛夫驾驶双座型苏 -27 在完成筋斗动作时，由于天气突变，雷雨锋面急速通过，天空突然电闪雷鸣，飞机有些电器遭遇雷击而损毁，弗罗洛夫面不改色、沉着冷静驾驶战机安全着陆。在经过短暂的抢修后，弗罗洛夫又驾驶飞机很快翱翔于蓝天，继续完成精彩的表演。苏 -27 战机在法国的蓝天上取得了巨大成功，引起世界各国极大的轰动，各国航空界纷纷表示由衷地赞叹，全球各大媒体都给予了高度的评价。英国路透社给予了客观的评价："苏美两国歼击机在争夺优势的战斗中，苏联人取得了胜利。航空专家认为，苏联人建造出了绝妙的飞机。"自巴黎航展以后，苏 -27 成为世界各大航展中一颗璀璨的"明星"，它飞到哪里，就会在哪里的天空闪耀，引起巨大轰动。

说来有趣，苏 -27 的超大迎角飞行能力居然是在两起事故中被偶然发现的。一次，苏联试飞员科特洛夫驾驶苏 -27 在试飞过程中，飞机的大气数据系统出现故障，速度表读数不准确。科特洛夫在调整速度过程中，迎角超过了 60°，飞机进入螺旋，在他准备弃机跳伞时，飞机神奇般地自动改为平飞状态。另一次，苏联远东航空兵团的一架苏 -27 不慎进入螺旋状态，当飞行员跳伞后，飞机独自改出了螺旋，并按输入的程序继续飞行，直到燃油耗完。试飞员兼宇航员沃尔克仔细分析了这两起事故的原因，同时通过严谨的计算，率先探索出一套"动力进入超大迎角"的方法，开发出具有极高战术价值的"过失速机动能力"。

（3）突防美"小鹰"号航母战斗群

2000 年 11 月，持续时间达 17 天之久，对外秘而不宣的美日联合军事大演习落下帷幕。除了演习的敏感性和美军舰载机两机空中相撞坠毁事件引起世界各国关注外，更引人瞩目的则是演习期间发生的俄罗斯苏－27和苏－24多次成功突防"小鹰"号航母战斗群的上空。

"平成零战"：日本F-2歼击机

F-2歼击机，是接替F-1歼击机的后继战机，是日本航空自卫队的歼击机机种之一。此款战机由日本三菱重工与美国的洛克希德公司合作，在F-16的基础上共同研制。F-2原型机于1995年完成首飞，1996年3月投入批量生产，2000年开始服役。主要任务为对地打击与反舰作战，但靠着先进的电子战系统和雷达，在空对空作战也有很不错的表现。有"平成零战"（平成时期的零式战机）之称。

1.研制历程

日本防卫厅技术研究本部从1973年开始了对歼击机的研制，相继进行了包括气动外形、高机动性、惯性导航、航空电脑、隐身技术、先进火

控技术、复合材料和整体电子战系统等一系列技术基础研究。1984 年 12 月 6 日，自 F-1 服役不久，日本防卫厅即着手计划 F-1 后继机的研发，名为 FS-X 歼击机计划初现原型。

1985 年 3 月，日本三菱重工提出了独立研发的新型歼击机方案，代号为 JF-210，外形类似瑞典 JAS-39"鹰狮"歼击机。不过，三菱重工的方案采用双发双垂尾布局，进气口在座舱下方，两具 F404 型发动机，起飞重量 11500 千克，最大飞行速度 1.9 马赫，作战半径约 930 千米，可携带 4 枚反舰导弹。

日本防卫厅对参与公开竞标的所有入选机型进行了详细审视，认为参与竞标的现有机型均不能满足航空自卫队的要求，宣布参与竞标的机型没有一种中标，只能通过自行研制来解决。三家外国竞争者对日本政府的做法不满意，要求日本政府给出一个满意的答复，不能仅凭一个纸上方案就把他们拒之门外。由于日本和美欧之间存在着巨大的贸易顺差，美国和欧洲各国政府向日本施压，日本政府屈服于美欧的压力，重新考虑此事。1986 年 4 月，日本防卫厅修改了歼击机性能需求，三家外国公司修改方案后重新提交了竞标文书。日本防卫厅仍然对美制歼击机情有独钟；1987 年 9 月 11 日，日本防卫厅宣布将在 F-15 或 F-16 基础上进行深度改进，但仍不排除完全自行研制。

1987 年 10 月 21 日，日本防卫厅在经过一年多周密的研讨后，宣布以 F-16C/D 歼击机为基础进行改进，研制 FS-X。1988 年 11 月，美日两国政府签订了谅解备忘录，标志着两国间首次展开联合歼击机研制项目。该机只装备日本航空自卫队，所以研发费用完全由日本承担。FS-X 的主要任务是保护海上运输线、海滩防御和对海攻击反入侵。按照航空自卫队的要求，由于 FS-X 需要挂载 4 枚反舰导弹，为了降低翼载荷需要增加机翼面积，并由此引发了机身其他方面的改动。尽管 FS-X 也需担负截击任务，但其最重要的任务是对海攻击，使用反舰导弹摧毁敌军舰或登陆舰。与众不同的是 F-2 全部采用深蓝色海洋迷彩，其目的是便于隐蔽接敌。

FS-X 由三菱重工与洛克希德合作研发，三菱重工是主承包商，主分包商是川崎重工和富士重工。美日双方经协商达成协议，日本三菱重工等公司承担 60% 的工作份额，美国洛克希德公司承担 40% 的工作份额。

经过近三年的努力，1991 年，洛克希德和三菱重工等公司完成了

➢ 日本"平成零战"F-2

FS-X 的细节设计，1992 年 4 月设计方案通过审查，同年 5 月试验模型制作成功并进行了风洞试验，日本防卫厅完成评估后正式对外公开。1994年 2 月，各公司都完成了工程设计，开始制造一号原型机。1994 年 4 月，FS-X 第一架原型机在三菱重工的小牧南工厂开始组装。1995 年 1 月 12日第一架原型机出厂，同年 10 月第一次试飞，飞行时间 38 分钟的。首飞获得圆满成功，第一架原型机的稳定性、机动性和操纵性等各方面性能良好。1995 年 12 月 13 日第二架原型机试飞，1996 年 2 月第三架原型机试飞，1996 年 4 月第四架原型机试飞，各机首飞均获成功。另外，为了测试飞机的抗疲劳性能，还制作了两架原型机用于静态试验。1996 年 5 月，日本政府决定：FS-X 正式投入批量生产，飞机编号正式定为 F-2。

2.结构特点

（1）外形特点：F-2 的设计是在第 40 批 F-16C 单座战斗机的基础上进行的，主要的改动包括：对雷达罩进行重新设计，加长了机身和座舱；增加了机翼面积并采用了单块复合材料结构，机翼前缘采用了雷达吸波材料，在机身和尾部应用了先进的复合材料和先进的结构技术，加装了阻力伞。F-2 的机身截面基本与 F-16 相同，但为增加内部容量，稍稍增加了机身中段长度。

➢ 日本"平成零战"歼击机侧视图

　　F-2 的机翼进行了重新设计,与 F-16 相比翼展增加到 11.13 米,机翼面积为 34.84 平方米,比 F-16 大幅增加。机翼前缘后掠角为 33°22′,展弦比为 3.35。每个机翼下有 6 个硬挂点,同时在翼尖安装了空对空导弹发射架。

　　(2)动力系统:F-2 的动力装置为 1 台通用电气公司的 F110-GE-129 涡扇发动机,推力 131.23 千牛,载油量 4750 L。

　　(3)航电系统:F-2 的 J/APG-1 火控雷达(FCR)是日本制造的第一种主动相控阵雷达,该雷达具有边扫描边跟踪(TWS)、多目标制导和攻击、下视/下射功能,其探测能力视目标的情况而定。F-2 的导航系统由惯性参照系统(IRS)、地图生成器、大气数据传感器系统(ADSS)、塔康、VOR/ILS 和雷达高度表组成。F-2 的电子战系统由一套集成电子战系统和一个先进的干扰屏蔽单元组成。F-2 还拥有一套 3 余度数字式飞行控制系统(FCS)以及一套模拟式备份系统。

　　(4)武器系统:F-2 的武器包括 AIM-7F/M "麻雀"中程 AAM 空对空导弹,AIM-9L 和 AAM-3 近程空对空导弹,GCS-1 制导炸弹,自由落体通用炸弹,JLAU-3 和 RL-4 多管火箭弹,ASM-1 和 ASM-2 反舰导弹。此外,F-2 安装有一门 20 毫米机炮,备弹 512 发。

3.性能参数

（1）基本参数：乘员 1 人，机长 15.52 米，翼展 11.13 米，机高 4.96 米，机翼面积 34.84 平方米，空重 9527 千克，最大起飞重量 22100 千克。

（2）性能数据：最大飞行速度 2.0 马赫（高空），实用升限 18000 米，航程 3900 千米（带三个外挂副油箱，无武装），作战半径 834 千米（反舰作战），爬升率 300 米 / 秒，翼载荷 430 千克 / 平方米，最大过载 +9/–3g（当起飞重量为 12000 千克），+4.4/–1.6g（最大起飞重量），滑跑距离：最小起飞滑跑距离 450 米，最小着陆滑跑距离 400 ～ 650 米。

4.服役事故

2007 年 10 月 31 日，一架于 2004 年 5 月服役，编号 43-8126 的 F-2B 在爱知县名古屋机场进行飞行试验时，飞机起飞后没多久因发动机故障坠落在机场附近的小山坡上，飞机随后着火焚毁，两位飞行员成功跳伞，仅受轻伤。

2011 年 3 月 11 日，日本 9.0 级大地震造成的海啸淹没松岛空军基地机场，18 架隶属于该基地的 F-2 遭到水害。5 月 18 日，防卫省对遭到水害的飞机进行了全面检查，检查结果表示 12 架损毁，可修复的飞机只有 6 架，损失的型号以 F-2B 为主。维修经费将在 2011 年第二次预算修正案提出，修复后的 F-2B 继续担负训练任务。

➤ "支点"——米格 -29 歼击机

"支点"：米格-29歼击机

米格-29歼击机是苏联米高扬—古格列维奇设计局（现俄罗斯联合航空制造集团公司）研制生产的双发空中优势战斗机，北约代号"支点"。是苏联米高扬设计局设计的第一款第四代歼击机。

1.建造历程

20世纪60年代末，针对美国的"FX"计划（后演变为F-15歼击机），苏军总参谋部提出了相对应的PFI计划。PFI即"先进战术歼击机"。1971年，苏军总参谋部将计划分解为两部分，一个是重型歼击机（TPFI）计划，另一个是轻型歼击机（LPFI）计划。TPFI计划促生了苏-27，LPFI计划发展为米格-29歼击机。针对美国YF-16计划，1972年，苏军向米高扬设计局提出研制新型歼击机的需求，以替代现役的米格-21和米格-23。新的轻型歼击机将承担战术空中任务，进行护航和地面攻击，命名为"米格-29"。

➤ 起飞升空的"支点"——米格-29歼击机

当初，米格-29是作为空优歼击机研制的。苏联空军根据空战经验分析了歼击机的发展趋势，要求米格-29既能胜任近距离机动格斗，又能进行超视距空战。苏联空军为米格-29歼击机定下的基本设计指标是能在任意气象条件下和苛刻的电子干扰环境中，在全高度、全方位范围内，摧毁距其200米至60千米的敌方空中目标。米格-29后期的改进型号具备了对地和对海攻击能力。

米格-29于1974年设计开始，米高扬设计局提出了多种设计方案，有一种方案就像米格-25的缩小版。随后生产了约19架原型机。1977年10月6日，在朱可夫斯基试飞中心，米高扬飞机设计制造局首席试飞员亚历山大·V.费多托夫驾驶原型机进行了首飞。1983年8月，第一架量产型号于在莫斯科附近的库宾卡空军基地交付。1984年，米格-29接受军方检验后，进入前线空军部队服役，首批出口型号于1986年交付。

2.结构特点

（1）气动结构：米格-29采用是翼身融合体气动布局，从主机身圆滑过渡到机翼内段，机翼内段前端的边条翼后掠角为73.5°，机翼外段前沿后掠角42°，展弦比3∶5，下反角2°。全翼展宽度的液压控制前沿襟翼分成三段，由计算机控制与后沿开缝襟翼共同工作，以提供更好的机动性能。如果单看外形，很容易被误认为苏-27。

米格-29机身结构主要由铝合金组成，为适应特定的强度和温度要求，部分机身加强隔框使用了钛金属材料。主翼有三条截面为圆形的翼梁，覆以铝锂合金的蒙皮。两块减速板分别安装在两台发动机之间的机身上部和底部。

（2）动力系统：米格-29采用克里莫夫设计局研制的RD-33涡扇发动机。该发动机采用低涵道比。该发动机工作稳定，可在飞行包线内任一点空中再起动和接通加力。

（3）航电系统：米格-29的基础型米格-29A采用综合火控系统。

（4）武器系统：固定武器为1门30 mm口径机炮，备弹350发。

3.性能参数

（1）基本参数：乘员1人，机长17.37米，翼展11.4米，机高4.73米，

> 飞行中的"支点"——米格 –29 歼击机

机翼面积 38.0 平方米，整体空重 11000 千克，最大起飞重量 20000 千克。

（2）参考性能：高空最大飞行速度 2.3 马赫，实用升限 18013 米，最大航程 2100 千米，推重比 0.83。

4.服役动态

苏联 / 俄罗斯空军装备米格 –29 战机超过 800 架，外销达到 500 架。据称截至 1995 年 1 月，俄罗斯已生产 1216 架米格 –29 单座型和 197 架双座型，合共 1413 架。1990 年后生产的米格 –29 均被用于出口。1991 年 12 月苏联解体，其拥有的米格 –29 分散在分裂的各个共和国内，俄空军能正常飞行的米格 –29 只剩下不足 400 架。米格 –29 的改型达 20 余种，包括教练机、歼击轰炸机、海军舰载机等，成了一款出色的多用途歼击机。除苏联空军使用外，米格 –29 外销 30 多个国家和地区。

苏阿战争：1979 年 12 月末，苏联武装入侵阿富汗。1987 年 8 月，隶属于苏联空军的米格 –29 击落了 4 架试图攻击阿富汗总统官邸的阿富汗反对派的苏 –22 攻击机。

海湾战争：1991 年 1 月 17 日，3 架伊拉克空军米格 –29 被美国空军 F–15C 歼击机击落；1 月 18 日，两架 F–15C 击落 1 架伊拉克空军的米格 –29；

在此期间伊拉克空军的米格 –29 以 R–27R 空空导弹也分别击落了一架美国空军的 B–52G 轰炸机和一架英国皇家空军的旋风式侦察机 GR.1A；此外也有一定数量的伊拉克米格 –29 被击落或被摧毁于机场。

1999 年科索沃战争，北约空袭南联盟期间，南联盟 11 架米格 –29 起飞迎战，被北约联合部队击落 6 架，另有 5 架被摧毁于机场。

1999 年卡吉尔战争，印度空军以米格 –29 护航，幻影 2000 使用激光制导炸弹攻击了克什米尔地区武装分子。

在 2008 年达尔富尔冲突中，当年 5 月 10 日，1 架苏丹空军的米格 –29 被达尔富尔反政府武装防空导弹击落。

2008 年南奥塞梯冲突中，当年 8 月，俄罗斯空军的米格 –29 和苏 –27 击落了 1 架格鲁吉亚的苏 –25 攻击机。

"幻影" 2000歼击机

"幻影" 2000 歼击机是法国达索公司在 20 世纪 70 年代为法国空军设计的单发三角翼多用途战斗机，也是法国引以为傲的第一款第四代歼击

➤ "幻影" 2000 歼击机

机。"幻影" 2000 是第四代歼击机中唯一采用不带前翼的三角翼飞机，达索公司在歼击机研制方面独树一帜的做法令人耳目一新。"幻影" 2000 于 1983 年量产服役。

截至 2013 年，该机除法国外，已外销 8 个国家和地区，总建造数量 600 余架。"幻影" 2000C 型是空优歼击机，可执行全天候、全高度、全方位远程截击任务。

20 世纪 80 年代，法国达索公司还在"幻影" 2000 基础上发展了 2000B 型双座教练机和 2000N 型攻击机两种机型；到 90 年代了为了提高"幻影" 2000 的空战能力，又研制了空战能力更加出色的 2000-5 型，"幻影" 2000-5 成为一种优秀的制空歼击机。如此改来改去居然让改型达到 20 种之多，当然，这其中绝大多数是换汤不换药。

1. 研制背景

1965 年 5 月，英国政府中止英国航太 TSR-2 轰炸机计划之后，宣布与法国合作，共同研制替代 TSR-2 轰炸机的可变后掠翼战术飞机。英国皇家空军建议选用美国正在研制的 F-111K，法国的意见是在放大的幻影 F1 的基础上研制可变后掠翼的幻影 G；英国的要求以对地攻击为主，法国的要求以空战截击为主，因两国意见不一，计划名称为英法可变后掠翼战术飞机的项目便宣告流产。这时法国的计划改称未来歼击机，但未来歼击机计划过于雄心勃勃了，单价是幻影 F1 的二倍多，因价格太高出口前景渺茫。随后未来歼击机计划被中止，法国空军转而要求一架轻巧的新"幻影"。

法国达索公司一方面在研制结构越来越复杂的重型歼击机，一方面预见到市场对轻型简单的歼击机的需求而不放弃研究。从 20 世纪 70 年代开始，达索公司未雨绸缪着手研究结构简单、价格低廉的轻型歼击机的方案。所以当法国政府提出研发新型歼击机的要求时，达索公司准备充分立即拿出设计方案，新型歼击机的设计方案很快获得了法国政府的审核批准和投资。新幻影歼击机气动外形改良自幻影Ⅲ型歼击机，采用三角翼气动布局。充分发挥三角翼超声速阻力小、结构刚性好、重量轻、大迎角时抖振小和机翼载荷低爬升快的优点。采用了电传操纵、放宽静稳定度、大量使用复合材料等先进技术，弥补了幻影Ⅲ型布局的局限。

2.结构特点

（1）气动结构："幻影"2000采用无尾三角翼气动布局，展弦比小，根梢比大，使气动中心接近翼根。翼根处的绝对厚度大，不仅利于减轻机翼结构重量，便于制造，而且强度高。从气动观点来看，三角翼能减小阻力，提高气动效率和增大升力。"幻影"2000还采用了放宽静稳定度的方案，当飞机在一定条件下处于不稳定状态时，通过电传操纵达到驾驭和控制飞机的目的。采用这些先进的措施后，不仅飞机的起降性能获得改善，而且极大提升了飞机的机动性能。

（2）动力系统："幻影"2000装备1台M53单轴式涡扇发动机。这是世界上并不多见的单轴式涡扇发动机。其结构简单，易于维护。发动机在高空超声速和低空亚声速条件下的加速性良好；M53-P2的加力推力为95千牛。幻影2000-5装备加力推力为98.1千牛的M53-P20发动机。

（3）航电系统："幻影"2000装有通信设备、惯性导航设备和无线电导航设备、综合电子对抗系统等。"幻影"2000C型的座舱内装有平视和下视显示器，N型又做了较大改进，"幻影"2000-5的座舱与N型基

➤ 夕阳下的"幻影"2000

本相同。"幻影"2000-N 的座舱内装有一个新型广角平视显示器，在它的下面装有一个中视显示器，另外还有 3 个下视显示器。这几个显示器的作用可以互相补充，有利于减轻飞行员的工作负担。

"幻影"2000 的出口型装备 RDM 火控雷达有较好的对地功能；C 型安装 RDI 雷达，以空战为主，兼有一定的对地功能。"幻影"2000-5 采用 RDY 雷达，具有探测多目标能力和良好的抗电子干扰能力。在空对空工作状态，可进行扫瞄测距、速度搜索、多目标搜索跟踪等。其最大探测距离为 130 千米，可同时跟踪多达 8 个目标，能同时为 4 枚"米卡"导弹进行火控计算。RDY 雷达还具有较强的空对地能力，使"幻影"2000-5 能遂行近距支援和纵深攻击任务。

（4）武器系统："幻影"2000 固定武器为两门 30 毫米口径的"德发"554 航炮，备弹 500 发。这种航炮的射速有 2 挡：1200 发 / 分或 1800 发 / 分；炮弹初速为 815 米 / 分，有效射程 1000 米。

"幻影"2000 最大载弹量 7260 千克，共有 9 个外挂点（机翼下 4 个，机身下 5 个），总外挂能力约 6000 千克。"幻影"2000-5 武器系统的特色是，挂装了"米卡"空对空导弹。这种导弹是世界上第一种带全互换导引头的、发射后不用管的空对空导弹，可用于中、近距空战，是美国先进中距空对空导弹 AIM-120 的有力竞争对手。

执行对地攻击任务时，"幻影"2000 可挂装普通炸弹、集束炸弹、反跑道炸弹、激光制导炸弹和火箭等武器。

3. 性能参数

（1）基本参数：乘员 1 ～ 2 人，机长 14.6 米，翼展 9.1 米，机高 5.2 米，机翼面积 32.2 平方米，整体空重 7500 千克，最大起飞重量 17000 千克。动力系统：1 台 SNECMAM53 涡轮风扇发动机，加力推力 98.1 千牛。

（2）参考性能：高空最大飞行速度 2.2 马赫，最小允许平飞表速是 190 千米 / 时，实用升限 17060 米，最大航程 3350 千米，作战半径 1550 千米，爬升率 285 米 / 秒，翼载荷 337 千克 / 平方米，推重比 0.57。

4. 服役动态

"幻影"2000 自服役以来，事故频发战绩惨淡。法国的"幻影"2000

歼击机参加了20世纪80年代至21世纪初北约组织的多次重大军事行动。海湾战争、波黑战争、科索沃战争、阿富汗战争都能见到"幻影"2000征战沙场的身影。

在1995年北约空袭波黑行动中，8月30日下午5时，法国1架"幻影"2000N被波黑防空部队导弹击落，两名飞行员伞降成功但被波黑地面部队俘虏。"幻影"2000初次征战就折翼沙场，令一向高傲的法国人十分沮丧。这是自冷战以来法国空军最严重的损失之一。

1996年10月8日上午10点，土耳其空军两架F-16D越过爱琴海进入希腊领空，希腊空军发现后紧急出动两架"幻影"2000和2架F-16C拦截，在警告之后土耳其空军F-16D不仅没有返回而是继续深入希腊领空，希腊空军立即进行拦截作战。在进行一番缠斗后，一架"幻影"2000成功占据有利位置对F-16D形成稳定追击态势，希腊飞行员果断发射1枚空空导弹，击中了这架F-16D，土耳其另外一架F-16D见势不妙仓皇逃窜。事件发生后，土耳其因为理亏有苦不能说，在国内谎称F-16D战机因机械事故坠海。直到2012年，土耳其才承认这架战机被希腊空军击落。

1991年4月9日，法国空军一架隶属于伊斯特尔空军基地的"幻影"2000N训练时不慎与1架民用直升机相撞，坠毁在居住区并引发大火，造成10人死亡、8人受伤的严重事故。2002年2月12日，法国空军1架"幻影"2000B在115空军基地进行特技飞行表演时因操纵失灵坠毁，两名飞行员弹出获救。

1999年10月15日，台湾当局一架"幻影"2000-5傍晚执行夜航训练任务，起飞不久因飞机发动机进气道吸入飞鸟，造成发动机熄火，动力消失，坠毁于外海。

2001年11月14日，台湾当局一架"幻影"2000-5执行训练任务过程中，突然从雷达屏幕消失，两名飞行员坠海，其中一人被渔船发现后急救，但不治身亡，另一名飞行员失踪。2012年10月3日，台湾当局派赴法国受训的幻影2000战机飞行员，在法国东南部空军基地驾驶"幻影"2000-5型战机坠机身亡，事故原因不明。2013年的5月20日上午9点54分，台湾当局一架双座"幻影"2000战机进行换装训练，10点18分坠海，两名飞行员成功跳伞逃生。

2004年9月23日，印度1架"幻影"2000在训练时坠毁，在飞机坠

毁前一刻飞行员成功弹射逃生，飞机最终坠毁在一处荒无人烟地区。同年
10 月 12 日，印度空军一架"幻影"2000 在参加印度与新加坡联合军事演
习时，发生技术故障而坠毁，事发地位于印度中央邦瓜廖尔空军基地附近，
飞行员跳伞逃生。

2011 年 6 月 9 日，希腊一架"幻影"2000-BG 歼击机在飞行训练时
坠入爱琴海，事发地位于萨摩斯岛附近。所幸的是在飞机坠入大海前，飞
行员已成功跳伞逃生。

➢ 苏 -35 歼击机

第七章

标新立异：四代半歼击机

Chap.7

四代半歼击机是指延续四代歼击机的发展成果，主要采取更新动力系统、改进航电系统和武器系统等措施，提升飞机的性能。作为第五代战机全面服役前的过渡机种，发挥着承前启后的作用。当然，这种传承虽说属过渡性质，但是提升后的性价比往往比第五代战机有优势。

目前，四代半歼击机的代表机型包括：欧洲的"台风"EF-2000、法国的"阵风"、瑞典的"鹰狮"以及俄罗斯的苏-35等。

"台风"：EF-2000歼击机

"台风"EF-2000歼击机是由英国、德国、意大利和西班牙四国联合研制的新型单座双发超声速歼击机，主要用于空战兼有对地攻击能力。在"台风"战机之前，由多个国家共同研制的飞机并不多，像歼击机这种关系到国家安全的重大合作项目更是寥若星辰，因此"台风"战机的研发可谓开创了军事工业领域合作的一个先例。

1. 研制历程

EF-2000源于1983年5月英国、德国、意大利提出的未来歼击机试验机计划。1984年7月，法、英、德、意和西班牙等五国达成协议，联合研发20世纪90年代使用的先进歼击机。五国对未来战机提出的技术要求是，要求新型战机具备超视距空战能力和短距起降能力。

➤ EF-2000 歼击机

然而，在军事战略上一向特立独行的法国，在未来歼击机的发展方向上提出了不同意见。法国根据本国的战略部署和需要，希望未来歼击机是一种制空歼击机且重量少于 10 吨的中型战机，而其他四国则希望研制一种远程多用途歼击机，既能制空、截击又能对地攻击。由于意见不统一，1985 年 7 月，法国宣布退出五国合作的欧洲战机项目，另起炉灶研制"阵风"歼击机。

1992 年英国、德国、意大利、西班牙四国为降低成本，对原欧洲战机方案做了调整，新方案称为 EF-2000。EF-2000 计划生产 7 架原型机，1992 年 5 月 11 日首架原型机出厂，1994 年 3 月 27 日在德国首次试飞，1998 年 9 月被同时命名为"台风"（Typhoon，正式名称仍为 Eurofighter），量产型于 2000 年 3 月开始交付军方。后来，为弥补"台风"歼击机现有 CAPTOR 雷达的诸多缺陷，英、法、德三国联合共同研制机载多模固态有源相控阵雷达。该型雷达装备"台风"和"阵风"歼击机。

1994 年 3 月 27 日，德国梅塞施密特公司首席试飞员驾机绕飞巴伐利亚，EF-2000 第一架原型机首飞成功，至此研究阶段的分工全部结束。1997 年最终的生产合约签订，"台风"战机进入批量生产，各国装备计划为英国 232 架、德国 180 架、意大利 121 架、西班牙 87 架。

2. 结构特点

（1）气动结构："台风"歼击机采用了鸭式三角翼无尾布局，机翼前缘后掠角 53°，机翼相对厚度（即机翼的最大厚度与翼弦的比）只有 4%，使用无缝隙襟翼，矩形进气口位于机身下侧。为提高亚声速机动格斗性能，机翼的前后缘襟翼可以自动偏转，提高机翼可用升力系数。前置鸭式三角翼构造空气动力学不稳定设计，提供高度的敏捷性、低空气阻力和可提高升力。

该机大量采用复合材料和新工艺技术。飞机按表面面积计算有 70% 是碳纤维复合材料，15% 是铝锂合金等金属材料，12% 是玻璃钢。机身机翼连接接头、鸭翼和外升降副翼用钛合金制造。大量使用复合材料有利于提高隐身性能。此外，各翼面前缘都有吸波材料涂层。座舱盖用金属膜处理，可防止雷达波直接进入座舱，产生"空穴效应"。

➢ 正在起飞的 EF-2000 歼击机

　　（2）动力系统：为欧洲发动机公司研制的两台 EJ200 涡扇发动机，单台最大推力为 60 千牛，加力推力可达 90 千牛，带有数字式控制系统和燃油管理系统。EJ200 发动机是一种双轴再加热涡轮风扇发动机，有 3 级低压风扇压缩机和 5 级高压风扇压缩机，由两个单级涡轮机（低压和高压）推动。环形燃烧室带有空气喷射器，再加热系统包括一套 3 级风扇系统、一个收敛 / 发散喷嘴，发动机采用一套综合 FADEC 系统来控制。EJ200 发动机采用的先进技术使发动机在布局上比现存的发动机要小而简单，燃油消耗少，且具有较高的推重比。

　　（3）航电系统："台风"歼击机现用 ECR-90 "捕手"（Captor）雷达，使该战机具备迅速获得并扩展空地攻击能力。其他设备包括先进集成辅助自卫子系统（DASS），红外搜索 / 跟踪系统（IRST），具有头盔显示器、语音控制系统等控制的高度集成化、自动化的座舱显示系统，STANG3838 北约标准数据总线。

　　（4）武器系统：欧洲"台风"歼击机固定武器为一门 27 毫米毛瑟机炮。该机共有 13 个武器挂点，每个机翼下各有 4 个，进气道正下方 1 个，进气道两边角落各两个半埋式挂点（装备超视距空空导弹）。1 套武器控制系统（ACS）管理武器选择、发射和监控武器状况。该机能使用广泛多样性空对空和空对地武器。

3. 性能参数

（1）基本参数：乘员 1 人，机长 15.96 米，翼展 10.95 米，机高 5.28 米，机翼面积 50.0 平方米，动力系统：两台 EJ200 涡扇发动机，最大推力为 120 千牛，加力推力 180 千牛，整体空重 11000 千克，最大起飞重量 23500 千克。

（3）参考性能：高空最大飞行速度 2.2 马赫，实用升限 16000 米，爬升率 380 米 / 秒，最大航程 2900 千米，作战半径 1400 千米，最大过载 +9/–3g（内部满油，带两枚 AIM-120 导弹），最小起飞滑跑距离 500 米（内部满油，带两枚 AIM-120 导弹和两枚格斗导弹），最小着陆滑跑距离 500 米。

"台风"歼击机采用了许多隐身技术，包括低雷达反射横截面和被动传感器。该机还采用了先进的主动控制数字式电传操纵系统，具有按任务自动配置能力。飞行员可以只通过飞行控制计算机和数字电传操纵系统就能够控制飞机，极大提高了飞控能力，减轻了飞行员的负担。得益于良好的气动布局设计，该机虽然没有矢量发动机技术，但仍然具有优异的超机动性，不仅高空高速操纵性优异，而且具有很好的近距格斗能力，尤其是高速高过载状况下的格斗能力。

拉斐尔："阵风"歼击机

拉斐尔"阵风"歼击机（也译作"达索"歼击机），是法国达索飞机制造公司设计制造的双发、三角翼、高机动性、多用途第四代半歼击机。该机具有强大的空战和对地、对海攻击能力，还能作为航母舰载机。拉斐尔"阵风"歼击机和欧洲"台风"歼击机以及瑞典"萨博"JAS-39 歼击机，因为其优异的性能表现，并称为欧洲"三雄"。2000 年 12 月，拉斐尔"阵风"歼击机正式进入法国空军服役。

1. 研制背景

早在 20 世纪 70 年代中期，法国空军就开始考虑未来战术作战飞机计划，取代在未来 20 年之内退役的现役型号，同时法国海军也提出了未来

▷ 法国拉斐尔"阵风"歼击机

作战飞机计划，以取代现役的 F-8 舰载机。由于这两个计划有许多相同的需求，法国海空军同意将两个计划合并为试验作战飞机计划，以研发后继机种。适逢英国、德国、意大利、西班牙也正计划共同研发欧洲战斗机，法国提出加入欧洲战斗机计划。法国根据自身的战略部署和需要，倾向设计约 9 吨的战机，但其他国家倾向于 10 吨以上的设计。因意见不统一，1985 年 7 月法国决定退出，独立研制未来空战飞机。

2. 建造历程

1983 年，在"幻影"2000 服役不久，法国达索公司未雨绸缪，决定着手研发"幻影"2000 的后继机种。同年，法国军方与达索公司签署了两架技术展示机的合约。法国军方对新战机的要求是不仅具有优异的空战能力，而且具有强大的对地、对海攻击能力，海军舰载机与空军战机通用，而且能全天候执行作战任务。1985 年初法国军方为新型战机命名"阵风"。

1985 年 12 月，达索公司法国向军方展示了"阵风"A 型试验机原型，1986 年 7 月 4 日，"阵风"实验机首次试飞。当时法国斯奈克玛公司为"阵风"设计的 M88 发动机还没有完全成熟，无法进行安全试飞，因此试飞时安装的是 F/A-18 舰载机使用的美国通用 F404-GE-400 补燃涡扇发动机。"阵风"A 型试验机的卓越性能给法国国防部留下了极为深刻的印象，1988 年，法国国防部决定定购"阵风"歼击机，对现役歼击机更新换代。

1990 年 3 月，"阵风"A 型试验机继续进行试验，包括在航空母舰上起飞和降落，以及试验早期的斯奈克玛 M88 发动机。1990 年 5 月换装 M88 发动机的"阵风"A 型技术展示机进行了 1.4 倍声速飞行，并完成了超声速巡航。

1991 年 5 月"阵风"C 型 01 机首飞，同年 12 月"阵风"M 型海军版 01 机首飞，1993 年 4 月"阵风"B 型教练机试飞，1994 年"阵风"A 型机完成使命。虽然"阵风"战机与"台风"歼击机性能和技术类似，但是 1994 年 3 月，"台风"歼击机首飞时"阵风"A 型已经拥有三年的试飞经验，包括在航空母舰上试验。

3. 结构特点

（1）气动结构："阵风"歼击机采用三角翼配合近距耦合前翼（主动整合式前翼），以及先天不稳定气动布局，以达到高机动性，同时保持飞行稳定。三角翼配合近距耦合前翼可以在低速至跨声速、超声速巡航时增加升力，提高了战机在低速至跨声速时的机动性。前翼是全动后掠上单翼，用电传操纵系统液压操纵。起落架放下时，前翼可自动抬起 20°，以提供额外的升力。机身为半硬壳式结构，50% 采用碳纤维复合材料。"阵风"战机有着出色的低速可控性，使降落速度可低至 213 千米/时。"阵风"战机的最低速限制设定在 190 千米/时，这对在航空母舰上起降非常重要。

（2）动力系统："阵风"战机使用的是 2 台斯奈克玛生产的 M88 系列发动机，单台推力 50 千牛，加力推力 75 千牛。可让"阵风"能够在携带 4 枚导弹及 1250 升外挂油箱作超声速巡航；海军版"阵风"M 型能够在携带 6 枚空对空导弹下作 1.4 马赫的超声速巡航。2010 年 5 月，"阵风"战机换装 M88-4E 发动机。

"阵风"战机可接受空中加油，空中受油探管位于座舱风挡的右前方，

B/C 型为固定受油管，M 型为可伸缩受油管。

（3）航电系统："阵风"战机采用集成模块化航空电子，使用汤姆逊 –CSF 公司的具有下视／下射能力的 RBE-2 雷达，可同时跟踪 8 个目标，能自动评估目标威胁程度，排定优先顺序。2012 年，RBE-2 雷达逐步被 RBE-2-AA 主动电子扫描阵列雷达（AESA 雷达）所取代。

这款新型雷达也对外销售。据称 AESA 雷达能提升探测能力、追踪能力和低雷达反射截面目标截获能力，并且能够提供高分辨率的合成孔径雷达图像。

（4）武器系统：所有型号的"阵风"战机固定武器为一门 30 毫米航空机炮，发射火力为每分钟 2500 发。"阵风"战机最大载弹量 9 吨，共有 14 个外挂点（阵风海军型为 13 个），其中 5 个用于加挂副油箱和其他武器。"阵风"战机的主要空对空导弹是米卡系列导弹，这种导弹是真正的"发射后不用管"，并已装备在法国空军的幻影 2000-5 等歼击机上。海军型除可挂载空军型的各种武器外，还可挂魔术 –2 和米卡雷达制导空对空导弹。在执行空对地任务中，2005 年以后出产"阵风"战机可挂载反跑道武器和斯卡普防区外巡航导弹，以及 A2SM 制导炸弹。"阵风"M

➢ 拉斐尔"阵风"歼击机武器外挂图

型可挂 ANF 反舰导弹和 ASMP-A 中程核导弹。

4. 性能数据

（1）基本参数：乘员 2 人，机长 15.3 米，翼展 10.8 米，机高 5.3 米，机翼面积 46.0 平方米，动力系统为两台斯奈克玛 M88-2 涡轮风扇发动机，最大推力为 100 千牛，加力推力 150 千牛，整体空重 9500 千克，最大起飞重量 21500 千克。

（2）参考性能：高空最大飞行速度 2.5 马赫，实用升限 18000 米，爬升率 285 米/秒，最大航程 3600 千米，作战半径 1093～1852 千米（取决于载弹量和副油箱数量），最大过载 +9/-3.6g，起飞着陆距 400 米（对空作战）、600 米（对地作战）。

5. 服役情况

截至 2011 年，法国政府共订购"阵风"战机 180 架，2010 年 12 月已交付 93 架，其中空军型 62 架，海军型 31 架。在训练方面，法国海军航空兵比空军先一步完成空对空作战训练，在完成空对地作战训练后，测试和评估海军航空兵对地作战能力。出口方面，印度已与法国签订采购阵风战机合同，采购数量多达 126 架。

2002 年 5 月，作为法国对美国在阿富汗的"持久自由行动"的支援，法国海军航空兵的"阵风"歼击机第一次参加代号"赫拉克斯"行动。但因"阵风"战机服役不久，暂不具备对地攻击能力，只能执行空中巡逻任务。直到 7 年后才有 6 架"阵风"战机能够投放激光制导炸弹，具备对地攻击能力。其中 3 架"阵风"战机属于空军，部署在塔吉克斯坦杜尚别附近的空军基地，3 架"阵风"战机属于海军航空兵，是戴高乐号航空母舰的舰载机。2007 年 3 月 12 日，法国空军"阵风"战机第一次执行作战任务。3 月 28 日，为支援在阿富汗南部作战的荷兰部队，"阵风"战机首次投下了两枚 GBU-12 激光制导炸弹。这是"阵风"战机第一次执行对地攻击任务。

2011 年 3 月 19 日，联合国安理会第 1973 号决议授权北约对利比亚采取军事行动，代号"热风行动"。法国的航母舰载型阵风战机从"戴高乐"号航空母舰上起飞，执行了侦察与对地攻击任务。首次任务是攻击位于班加西的亲卡扎菲部队的炮兵阵地。在利比亚执行任务期间，"阵风"的配备为4枚米卡导弹、3枚铁锤激光制导炸弹以及斯卡普防区外巡航导弹。"阵风"战机无须借助其他电子战飞机的支援，仅以自身的电子战系统就能压制敌方的防空系统。

2013年1月，根据联合国安理会第2085号决议，法国得到授权在非洲西部国家马里采取军事行动，代号"薮猫"，支持马里政府军打击反政府的伊斯兰极端武装分子。1月13日参与行动的4架"阵风"战机从法国本土起飞，经空中加油后到达马里，攻击位于马里北部城市加奥内的伊斯兰极端武装分子训练营。

2014年9月19日，法国"阵风"歼击机在伊拉克的军事行动中，对"伊斯兰国"位于伊拉克东北部的目标进行空袭。共12架战机部署在约旦和阿拉伯联合酋长国，其中"阵风"战机6架，"幻影"2000-5战机6架。截至2015年11月，法国战机在伊拉克对"伊斯兰国"开展了1285次空中行动，其中执行对地攻击271次。

2015年11月13日晚上，"伊斯兰国"恐怖组织在法国首都巴黎制造多起枪击和爆炸恐怖事件，造成一百余人死亡。法国总统奥朗德代表法国向"伊斯兰国"恐怖组织宣战。11月19日，法国海军戴高乐号航空母舰携带18架"阵风"歼击机和8架"超级军旗"歼击机开赴叙利亚近海，目标锁定叙利亚境内"伊斯兰国"大本营拉卡和东北城市代尔祖尔一带的据点。从航母起飞的"阵风"和"超级军旗"战机携带精确制导炸弹，对"伊斯兰国"恐怖组织发起猛烈攻击。

"北欧守护神"：JAS-39歼击机

JAS-39"鹰狮"是瑞典取代SAAB-37的后续战机，是以瑞典SAAB（萨博）公司为主体开发的第四代歼击机。JAS-39歼击机的"JAS"为瑞典语中的"Jakt"（对空战斗）、"Attack"（对地攻击）、"Spaning"（侦察）的缩写，由此可见JAS-39是集战斗、攻击、侦察于一体的多功能歼击机。JAS-39起降距离短，可以国内公路网作起降跑道；JAS-39装备的全天候数字电传操纵系统可以让战机在9g过载下飞行自如，有"北欧守护神"之称。1996年，JAS-39"鹰狮"在瑞典空军服役。由于"鹰狮"具有十

➤ "北欧守护神" JAS-39 歼击机

分优异的性能和较高的性价比，使之成为多国空军的首选装备。除瑞典空军使用外，还出口南非、捷克、匈牙利、泰国、瑞士等国家。

1. 研制背景

　　20世纪70年代末，瑞典空军仅有一种现代化战机——萨博-37 "雷"。当时，瑞典空军的国土防空、对地攻击及战术侦察分别由萨博-37的三种不同机型来完成，因而战机采购量大，财政负担加剧。80年代初，瑞典SAAB（萨博）公司着手研制新一代战机。如何实现一机多能，既能满足军方需求，又能减少战机采购量和财政支出，是研制新一代战机时必须面对的现实问题。

　　按照一机多能的总体思路，瑞典皇家空军要求新型歼击机使用可编程序计算机，在执行不同的任务时，只要更换计算机程序，就能适应不同的武器和遂行相应的作战任务。随着科技的发展和运用，计算机技术日新月异，新一代战机可以根据不同的任务设置计算机程序，按计算机指令控制相应类型的武器，去执行空战、截击和对地、对海攻击等多种任务。这样，新型战机就可以肩负多种使命于一身。SAAB（萨博）公司应瑞典空军要求，担负研制新一代战机的使命，全力打造"基本飞行平台"，这种新式战机被命名为JAS-39"鹰狮"。

2.建造历程

并进行了首次试飞。十分可惜的是，1989年2月2日一架原型机由于飞行控制系统出现故障在试飞时坠毁。此后，瑞典SAAB（萨博）公司修改了飞控软件程序，解决了此问题。1992年9月8日，JAS-39参加在英国举行的国际航展。在伦敦范保罗机场，一架参展的JAS-39"鹰狮"战机短距离滑跑后腾空而起，呼啸着直插云霄。伴随着隆隆的轰鸣声，JAS-39相继表演了空翻、倒飞、小半径盘旋、大迎角低速飞行等一系列高难度动作，JAS-39精彩的表演赢得了在场观众雷鸣般的掌声和世界各国媒体的一致好评。1996年，JAS-39开始批量生产装备瑞典国防军。按瑞典空军计划，到2001年装备140架"鹰狮"，而更长远的规划是装备300架"鹰狮"。

3.结构特点

（1）气动结构：JAS-39气动布局采用由鸭型全动前翼与三角主翼组合而成近距耦合布局，沿袭了SAAB37战机的气动型式，结构上广泛采用先进的复合材料（占结构重量的30%）。主翼为切尖三角翼带前缘襟翼和前缘锯齿，前翼位于矩形涵道的两侧，无水平尾翼，有悬臂式大面积单垂尾。主翼后掠角为45°，前翼也是切角三角形，前缘后掠角为43°。JAS-39布局的优点之一是，通过同时偏转前翼和升降舵可以产生直接升力。差动地偏转前翼结合方向舵的偏转，可以产生侧向力，从而改变飞机的航向。

（2）动力系统：JAS-39使用1台通用电气/沃尔沃RM12涡扇发动机，推力54千牛，加力推力80千牛。RM12发动机是一种低涵道比带加力燃烧室的涡扇发动机，由瑞典沃尔沃飞机发动机公司与美国通用电气公司合作，在通用电气公司的F404-400发动机的基础上研制。RM12发动机具有3级风扇和7级高压压气机，风扇和压气机都采用可变迎角的定子，由单级涡轮驱动，加力燃烧室采用可变面积喷管。为满足瑞典空军的需要及"鹰狮"的单发动机设计，沃尔沃与通用对F404的基本型做了改进。由于使用新型材料，改进了控制系统，使后燃器效率显著提高：在静态试

➤ "北欧守护神" JAS-39 正面图

验中，推力增加了 10%，达到 80 千牛。新的高性能低压系统也有助于推力的增加，风扇与进气口都作了加强的设计，防范飞鸟的撞击。RM12 发动机强大的推力能使战机迅速升空应战。

（3）航电系统：JAS-39 的航电设备由瑞典爱立信公司设计和制造，然后由 SAAB 公司进行综合。PS-05A 脉冲多普勒雷达的数据处理能力为"雷"飞机的 PS-46/A 雷达的 3 倍，但体积只有后者的 60%，重量只有后者的 50%。PS-05A 是一种多工作模态脉冲多普勒雷达，能实现各种任务所需的多种工作模式。JAS-39 采用了两种新型综合导航系统（NINS）和新型综合着陆系统（NILS）。NINS 可以按飞行员需要使用传统导航设备的信息，如测距装置（DME）、甚高频全向信标（VOR）和塔康系统（TACAN）。使用这一种系统，依靠机载传感器和机载设备，就可以引导飞机至任何机场并保证在全时间、全天候条件下安全着陆。

（4）武器系统：JAS-39 的固定武器为 1 门 27 毫米"毛瑟"BK27 航炮。另外还有 7 个外挂点，其中翼尖挂点两个，两侧机翼下各两个挂点，机身下 1 个。翼尖挂点可挂"响尾蛇""天空闪光"等红外和雷达制导的空对空导弹。机翼下可挂重型空对舰导弹、空对地导弹、炸弹和侦察吊舱，还可挂载 AIM-120"阿姆拉姆"先进中距空对空导弹。

4.性能参数

（1）基本参数：乘员 1 人，机长 14.1 米，翼展 8.4 米，机高 4.5 米，机翼面积 25.54 平方米，整体空重 6620 千克，正常起飞重量 8700 千克，最大起飞重量 14000 千克。动力系统为 1 台通用电气 / 沃尔沃 RM12 涡扇发动机，推力 54 千牛、加力推力 80 千牛。

（2）参考性能：高空最大飞行速度 2.0 马赫，实用升限 15240 米，爬升率 330 米 / 秒，最大航程 3200 千米，作战半径 800 千米，翼载荷 283 千克 / 平方米，推重比 0.97，最大过载 +9/–3g，最小起飞滑跑距离 300 米，最小着陆滑跑距离 400 ～ 650 米。

5.总体评价

JAS–39"鹰狮"战机是瑞典 SAAB（萨博）公司为主，美国通用电气公司和瑞典沃尔沃公司协助，研制的全天候全高度战斗 / 攻击 / 侦察机。JAS–39 采用三角形机翼和全动前翼气动布局。该机性能优异，可以在全高度实现超声速飞行，并在短场起降上取得最大的效率。JAS–39 从研制之初，设计的理念主要根据瑞典空军基地的配置原则而设计的，由于瑞典的空军基地和各个秘密的基地都比较分散，所以以国内公路网作为起降跑道就能更好地发挥该机型的优异性能，达到全天候起飞，随时出动，给予入侵者及时的打击和威慑。

"鹰狮"是一款经济、高效、多功能的轻型战机，一直是世界各国空

➤ "北欧守护神" JAS–39 飞行状态图

军所期望的战机。"鹰狮"不仅满足了瑞典空军低成本、多功能的要求，而且符合国际市场对飞机品质及性能的需要。作一款为轻型战机，虽然 JAS–39 载弹量不大，作战半径也有欠缺，但对于领土面积不大的国家来讲，选择 JAS–39 比 F–16 和米格 –29 更合适。

JAS–39 操控性能卓越，可通过全数字电传操纵在 9g 过载下飞行自如，且反应敏捷。JAS–39 的成功关键在于博采众长，善于吸收欧美最新技术为己所用，并且很好地解决了人机对接问题。瑞典 SAAB（萨博）公司以其数十年来推出的一系列著名战机证明了其出类拔萃的实力。

"超侧卫"：苏–35歼击机

苏 –35 歼击机，北约代号"超侧卫"（亦称"侧卫 –E"），是苏霍伊飞机实验设计局以苏 –27 歼击机为基础研制的深度改进型战机。苏 –35 是一种单座双发、超声速、超机动性、多用途重型歼击机，在世代上属于第四代歼击机改进型号，即第四代半歼击机。

1. 研制背景

20 世纪 80 年代初期，苏 –27S 刚刚问世，苏霍伊设计局就按苏联军方的要求，着手制订苏 –27M 计划，对苏 –27 进行深度改进，计划将苏 –27 改为更先进的多用途歼击机。这除了苏联空军对多用途战机的需求外，还有两个重要原因：其一，苏 –27S 的 N–001 雷达与美国 F–15A 的 AN/APG–63 型雷达相比没有优势，而美国已经着手改良其处理器及后续的 F–15C，这将使得苏 –27 不能像最初设想的那样达到 F–15 的 1.1 倍战力；其二，美国于 1976 年提出了研制先进中程空空导弹计划，也就是 AIM–120A 空对空导弹。苏联军方经过情报分析，认为必须有能与之抗衡的武器。苏霍伊设计局期望较晚问世的苏 –27 能达对手 1.1 倍的战力，现实问题迫在眉睫，因此实施苏 –27M 计划刻不容缓。

2. 建造历程

1983 年，苏 –27M 的目标设定出炉：它必须超越 F–15 及 F–16 的改

➤ 苏 –35 歼击机

良型，且必须具备空战和对地、对海攻击能力，能截击巡航导弹等低空
飞行物。装备新的 RLSU–27 雷达系统，机载主被动电子对抗系统，新的
座舱界面、导航系统等，能发射雷达制导空对空导弹、反舰导弹及对地
精确制导武器。1983 年 12 月 29 日，苏霍伊设计局改进苏 –27 的苏 –27M
计划获得苏联军方批准。1985 年由苏霍伊设计局资深设计师米哈伊尔·波
戈率领的设计团队展开苏 –27M 的概念设计。

　　1987 年，苏 –27M 首架原型机 T–10M–1（701 号）出厂。1988 年 6
月 28 日，共青城飞机制造厂首席试飞员欧列格·卓伊驾驶 701 号原型机
首飞。1989 年 1 月 18 日，T–10M–2（702 号）首飞。此外，陆续出厂的
705、706、707 号原型机用于试验飞控系统、射控系统等设备。在结构上，
这些飞机的机身、前翼、尾杆做了改进。1992 年 2 月在明斯克会议上，
共青城飞机制造厂向叶利钦总统及国防部官员展示了 706 号原型机和其他
军用机以争取经费，获叶利钦总统特别拨款建造 10 架。

　　除 701、702、705、706、707 之外，第一架全新生产的苏 –27M 原型
机 T–10M–3（703 号），于 1992 年 4 月 1 日首飞，其规格基本上与量产
型相同。1992 年 9 月，703 号原型机亮相英国法茵堡航展，正式命名为
苏 –35。1993—1994 年，苏 –35 的预量产型 708、709、710 号陆续出厂。
2014 年 2 月 12 日，12 架量产型苏 –35S 歼击机进入俄罗斯空军服役。

3. 结构特点

（1）气动结构：苏－35采用后掠式上单翼、双垂直尾翼气动布局。后掠翼的前沿延伸融入机身，基本上形成三角形。无攻角限制、全数位飞控，双翼面设计带来绝佳的气动力性能。苏－35的外形整体而言非常简洁，大部分天线、传感器都改为隐藏设计。垂直尾翼加大，以得到更好的偏航稳定性能。此外垂尾及其方向舵的形状也略为改变，在垂尾顶端，由苏－27的下切改成平直，是苏－35的重要识别特征。尾椎加粗，并将阻力伞由尾椎末端移至上方。

（2）动力系统：两台AL－35FM加力发动机。

（3）航电系统：在苏－27的基础上大幅提升航电性能，提升自动化、计算机化、人性化，与同时期西方开发中的新世代战斗机的航电设计理念相同。

（4）武器系统：最大载弹量8200千克。固定武器为1门30毫米GSh－30－1机炮。

4. 性能参数

（1）基本参数：乘员1人，机长21.9米，翼展15.3米，机高5.9米，机翼面积62.0平方米，动力系统：两台AL－35FM加力涡扇发动机。

（2）参考性能：高空最大飞行速度2.25马赫，实用升限18000米，爬升率280米／秒。

➤ "超侧卫"苏－35歼击机正视图

➤ "超侧卫"苏-35歼击机侧视图

"夜鹰"：F-117歼击机

　　"夜鹰"F-117歼击机由美国洛克希德公司研制，是世界上第一种正式服役并参加实战的隐身战机，之所以以"夜鹰"命名完全是美国的保密需要（有资料记载，这款战机的保密研制计划从1977年一直持续到20世纪80年代后期）。该机于1981年首飞成功，1983年量产服役，1988年首次公布，共生产59架。因为是第一代隐身战机，其外形设计过度强调隐身性能而忽视气动力性能，导致该机气动力性能较差，机动性、飞行速度等飞行性能不足，不是一种高性能制空歼击机，不具备空战能力，仅可作为隐身攻击机使用。

　　F-117问世以来先后参加巴拿马战争、海湾战争、科索沃战争等多场战争，用于在高危环境下突击高价值目标。"夜鹰"F-117在海湾战争时首次大规模部署使用，1999年科索沃战争中首次被击落，从此隐身战机不可战胜的神话破灭。美国国防部在2008年财政年度前将所有的F-117退役，任务改由F-22和无人机取代。虽然F-117有许多缺点和不足，但作为世界上第一种隐身歼击轰炸机，其开启了隐身作战的先河，引领全球军事进入了隐身时代，在世界航空史上具有十分重要的里程碑意义。

1. 研制历程

20世纪60年代末、70年代初美苏冷战时期，两国之间展开军备竞赛，谁也不甘落后。这一时期是军用飞机尤其是歼击机发展的高峰。1970—1990年美国空军、海军现役的主力歼击机，基本都是该时期研制的，例如F-14、F-15和F-16战机均为20世纪70年代问世，只有F/A-18舰载机稍晚一点儿，于1983年正式进入美国海军服役。因为一种军用飞机从开始立项、研发到量产装备部队需要近20年时间，所以美国军方发展军用飞机，具有强烈的超前意识。从一种新型军机问世后，立即着手考虑它的后续机种，隐形歼击机就是从20世纪70年代初开始萌芽的。20世纪70年代，为了发展隐形飞机，美国国防部提出了一个称之为"海弗兰"的隐形歼击机研究计划。1973年隐形歼击机研究计划由国防部高级研究局正式立项。起初，洛克希德不在参加合同的五家公司之列，原因是洛克希德公司缺少现代歼击机的设计经验。

实际上，创始于1916年的洛克希德是一个老牌的飞机公司，先后研制出P-38、F-80、F-104、U-2、SR-71和C-130等一系列优秀军用飞机，其中SR-71高空高速侦察机和C-130大力神运输机还是世界名机。20世纪70年代初，虽然没有再研制歼击机，但一直在独立地进行隐形技术的研究。由于洛克希德具有强大的实力，而且是隐形飞机研究上的先行者，经过努力终于挤进了"海弗兰"计划。1977年，洛克希德后来居上，在

➤ "夜鹰"F-117歼击机

原型机的竞争中夺标。洛克希德先研制了两架小型原型机进行可行性试验。每架原型机装两台发动机，采用奇特的多面体外形。这种外形设计的依据，主要来源于一个计算飞机雷达反射截面积（RCS）的数学模型。飞行试验很成功，空中预警机和地面雷达很难捕捉到它的身影。

"海弗兰"原型机的放大型就是F-117A，由洛克希德著名的"臭鼬工厂"于1978年开始研制。研制工作进展十分顺利，F-117A于1981年6月首飞成功。1983年10月进入托诺帕试飞基地的第4450战术大队服役（现为第37战术歼击机联队）。美国空军共订购59架，现已全部交付，并无后续采购计划。59架F-117A飞机总采购金额达66亿美元，其中有4架分别于1982年、1986年和1987年及1997年坠毁。

2.结构特点

（1）气动结构：F-117外形与众不同，采用三角形飞翼式前三点起落架布局。在F-117的设计中，其外形的设计已不能仅从常规气动力（如升力和阻力）角度来考虑，而必须把外形与隐形联系起来，尽可能做到二者统一。F-117采用了独特的多面体外形、一对高展弦比的机翼和很大的后掠角的双翼。设计师们把F-117A大部分表面的倾角都设计成大于30°，这样就可以将雷达波偏转出去，而避开辐射源。F-117A还采用了V形全动式尾翼、内置式武器舱、可伸缩的天线等。连机翼和V型尾翼也都采用了没有曲线的菱形翼型，这在歼击机的设计中是前所未有的。总之，这一切都是为了尽量减小飞机的雷达反射截面积，达到隐形的目的。

➤ 待飞中的"夜鹰"F-117歼击机

（2）动力系统：两台通用电气公司的 F404-GE-F1D2 无加力式涡轮风扇发动机，单台推力 48 千牛。

（3）航电系统：得克萨斯仪表公司的可收放的下视红外传感器和激光指示器以及双视场的前视红外传感器，IBM 公司的 AP-102 任务计算机、GEC- 马可尼公司的飞行控制计算机 / 导航接口和自动驾驶计算机系统，霍尼韦尔公司的 SPN-GEANS 惯性导航系统（自 1991 年已被 H-423/E 环形激光陀螺仪取代）和雷达高度表，扩展的数据传输系统和高度 / 方向参考系统，以及 GPS 和数字式活动地图等。

（4）武器系统：所有的武器都挂在内置的武器舱内，可以携带美国空军战术歼击机的全部武器，基本配置是：两枚 908 千克重的炸弹，BLU-109B 低空激光制导炸弹或 GBU-10/GBU-27 激光制导炸弹，还可装 AGM-65"幼畜"空地导弹和 AGM-88 反辐射导弹，也可以携带 AIM-9"响尾蛇"空对空导弹。

3. 性能参数

（1）基本参数：乘员 1 人，机长 20.08 米，翼展 13.20 米，机高 3.78 米，机翼面积 84.8 平方米，展弦比 2.05。整体空重 13381 千克，内部武器载荷 2268 千克，最大起飞重量 23814 千克。

（2）参考性能：最大平飞速度 1140 千米 / 时，最大正常使用速度 0.9 马赫，作战半径 1056 千米（无空中加油，带 2268 千克武器），限制过载 +6g。

4. 服役情况

1980 年，美国空军在位于内华达州克拉克县的内利斯空军基地组建了 F-117A 隐身歼击机大队，并为 F-117A 征招飞行员和地勤人员。F-117A 是专门用于夜间攻击的飞机，因此飞行员给它的绰号是"夜鹰"。自 1983 年 10 月 F-117A 装备美国空军以来，已有 175 名飞行员驾驶过这种飞机。所有飞行员都认为 F-117A 的起飞、着陆及其他飞行性能都很好。

巴拿马战争：1989 年 12 月 20 日，美国为了巴拿马运河的既得利益，派遣 27000 名美军入侵巴拿马共和国。美国空军第一次出动了 F-117A 隐身战机参战，支援美军特别行动队在巴拿马里奥阿托的空降作战。美国空军的 6 架 F–117A 从内华达州的托诺帕空军基地起飞，前往中美洲最南部的巴拿马。F–117A 经过 5 次空中加油、长达 18 个小时的飞行才抵达目的地。为了震慑巴拿马军队，当 F–117A 飞过巴拿马里奥阿托上空时，其中两架 F–117A 各投下 1 枚 900 千克的激光制导炸弹，这两颗炸弹投在兵营附近的一片开阔地上，并没有直接扔在巴拿马军队兵营内。这样做是为了使巴拿马政府军"惊慌失措，制造混乱，以削弱其战斗力"，而不是为了消灭他们。

　　美国军方认为，F–117A 的这次长途奔袭是非常成功的。在军事上，该机的轰炸虽然没有给巴拿马国防军造成伤亡，但确实达到了震慑巴拿马国防军的目的，摧毁了对方的反抗意志，为美军突击队的空降行动减少了障碍。另外对 F–117A 而言，经历了一次实战考验，意义十分重大。美国空军认为，这次行动证明 F–117A 首次使用的激光制导炸弹可以精确地轰炸目标，对于新型武器是一次实战检验。此外，通过 F–117A 良好的作战效能证实，美国投入巨资研制隐形飞机是值得的，具有十分重大的战略意义。

　　海湾战争：在 1991 年的海湾战争中，F–117A 更是声名大噪，震惊世界。据悉 F–117A 在"沙漠风暴"行动中，用于在高风险条件下突击高价值目标，执行危险任务 1271 次而完好无损。F–117A 还是唯一攻击伊拉克首都巴格达市区目标的战机。F–117A 的出动频率很高，每夜要出击两次。在

➤ 遂行作战行动的"夜鹰"F–117 歼击机

海湾战争期间，F-117A 用于在高危环境下突击高价值目标。据统计，43 架 F-117A 承担了攻击任务总数的 40%，投弹命中率为 80%~85%。F-117A 也有攻击失误的时候，天气原因导致激光制导装置发生偏差是造成失误的主要原因。此外，美军发现 F-117A 也有被雷达发现的可能，因此在 F-117A 出动时，美军同时要派电子战飞机与之配合行动。

折戟沙场：在科索沃战争期间，1999 年 3 月 27 日夜晚，南联盟防空部队使用老式苏制萨姆 -3 地对空导弹击落了一架 F-117A 战机。据北约指挥官韦斯利·克拉克和其他北约军官所说，南联盟防空部队偶然发现，当雷达在异常波段工作时，能够探测到 F-117A。被击落战机的飞行员弹射逃生，之后被北约军队救回。然而，由于有电视画面显示战机残骸周围有平民，F-117A 的残骸才没有被美军立刻炸毁。有人认为塞尔维亚邀请了俄罗斯人员去检查飞机残骸，这样有可能泄漏了 F-117A 的隐身技术。今天人们仍然能够在贝尔格莱德机场附近的航空博物馆中看到剩下的飞机残骸。

据报道，南联盟防空部队发射了若干枚萨姆 -3 地对空导弹，其中有一枚萨姆 -3 导弹在离这架 F-117A 很近的地方爆炸，爆炸碎片击中了 F-117A，迫使飞行员弹射逃生。根据一次采访的说法，南联盟防空部队的官兵，利用原始的方法预测出了 F-117A 的飞行轨迹之后，快速机动变换导弹阵地，调整了萨姆 -3 导弹发射器方位将其击落。南联盟防空部队还声称击落了一架 F-16 战斗机（北约方面则宣布该战机失事是由机械故障所致）。

宣布退役：2008 年 3 月 11 日美国空军宣布，第一代隐身歼击机 F-117A 将全部退役，以节省资金用于研制最新机型。F-117A 战机是世界上第一种隐身战机，这种机型第一次将可操作飞行技术与低可侦测技术融为一体。F-117A 战机在 1989 年美军进攻巴拿马时首次亮相，1991 年又在海湾战争被用于攻击伊拉克首都巴格达市中心重要目标，之后还参加过科索沃、阿富汗和伊拉克战争。

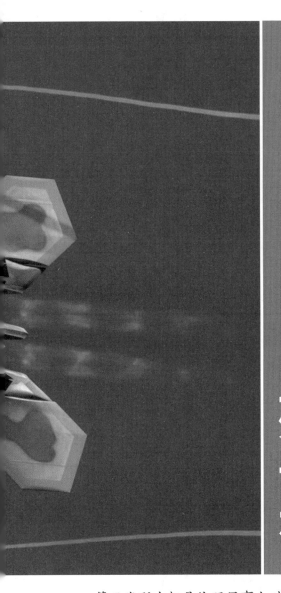

鸿鹄高飞：第五代歼击机

第八章

Chap.8

第五代歼击机是依照军事上对喷气式歼击机的划代标准，目前世界现役机种中最先进的一代歼击机。第五代歼击机与第四代歼击机相比较，最显著的特点就是使用了第五代航空发动机，以及全面运用低可侦测性技术。第五代歼击机拥有先进的航电系统、高度集成计算机网络，具备卓越的机动性、优异的战场态势感知能力以及信息融合能力。主要机型包括美国F-22、F-35歼击机、俄罗斯的苏-57歼击机。

"猛禽"：F-22歼击机

　　"猛禽"F-22歼击机是由美国洛克希德、波音和通用动力公司联合研制的一款单座双发重型隐身歼击机。F-22是世界上首款服役的第五代歼击机，主要遂行夺取并确保战区制空权作战任务，兼备对地攻击功能。F-22以其优异的隐身性能、超灵敏性、高精确度和高度敏捷的战场态势感知能力相结合，组合其强大的对空和对地作战能力，使得它成为世界综合性能较好的多用途歼击机。1990年9月29日，F-22战机的原型机YF-22首飞，1997年9月7日，第一架生产型F-22试飞，2005年12月15日F-22服役，采购数量为187架。

1. 研制背景

　　20世纪70年代末期，根据美国情报部门的消息，苏联所研制的米格-29"支点"和苏-27"侧卫"测试工作稳步推进，这让美国空军感到了挑战和压力。1981年，美国开始下一代歼击机的研发探讨，旨在研发一款能够取代当时作为主力的F-15"鹰"的新型歼击机。同年6月，美

➤ "猛禽"F-22歼击机

国空军发布了对于"先进战术歼击机"（简称 ATF）的信息请求书。按美国军方的一贯做法，该项目将通过防务承包商的竞争来完成。"先进战术歼击机"的硬性要求有三点：隐身、超声速巡航以及短距离起降。

2. 建造历程

1983 年，防务承包商们对于 ATF 的"研制招标书"（简称 RFI）做出了回应：参与竞标的承包商们一共拿出了 7 个不同的气动布局方案来参加选型。同年，关于"先进战术歼击机"所使用发动机的"研制招标书"发出。1985 年 9 月，美国空军公布了正式的"先进战术歼击机"的技、战术要求：首次要求将以下 5 个特点集中在一架飞机上，即低可探测性（隐身性）、超机动性、不使用加力推力即可做超声速巡航、有效载荷不低于F-15 和具有飞越所有战区的足够远的航程。这些技术指标使得 F-22 歼击机成为第一种面世的"第五代歼击机"，同时 F-22 也成为 21 世纪初叶美国空军的主力歼击机。

1985 年，美国军方发布了计划招标书。1986 年 10 月，经过论证，美国军方选定洛克希德和诺斯罗普两家公司研制的原型机，进行为期 50 个月示飞及验证，参加最终飞行试验的两种飞机是洛克希德的 YF-22 和诺斯罗普公司的 YF-23。洛克希德、通用动力和波音三家公司联合参与竞标，三家公司达成一项合作协议，只要有一个公司的设计被选中，其他的两个公司允许参与子系统的研发。诺斯罗普公司和麦道公司也达成类似的协议。

经过一番激烈的竞争后，1991 年 4 月，美国军方宣布：使用普拉特·惠特尼发动机的洛克希德 YF-22 原型机胜出。1991 年 8 月 2 日，美国空军与洛克希德公司正式签订了一份工程发展合同，合同价值 95.5 亿美元，用于制造 13 架试验型飞机。1992 年 6 月，洛克希德公司对 YF-22 的设计予以进一步修改。同月，洛克希德公司对 F119 型试验型发动机进行了关键性设计评审。1992 年 12 月 27 日，世界上第一种带二元矢量推力喷管的 F119 型发动机开始进行试验。

1997 年 3 月 6 日，第一架生产版本的 YF-22 即 F-22 组装完毕。同年 4 月 9 日，F-22 在位于佐治亚州玛丽埃塔的洛克希德分部正式面世，并公布绰号——"猛禽"。1997 年 9 月 7 日，F-22 进行了首次飞行。1998 年 3 月，该机返回位于美国加利福尼亚州的爱德华兹空军基地，交由空军试验。

2001年8月，在F-22原型机研制完成10年后，经美国国会批准，美国政府终于决定投入巨资批量采购F-22歼击机。

3.结构特点

（1）气动结构：F-22水平面上为带尾翼、高位梯形机翼的一体化的综合气动力系统，尾翼为彼此隔开很宽和带方向舵并朝外倾斜的垂直设计，水平安定面直接靠近机翼的布置更加接近于隐身设计的边缘，有利于飞机的隐身功能。按照技术标准，F-22设计为小反射外形，用吸收无线电波的材料以及无线电电子对抗器材和小辐射的机载无线电电子设备装备战机，其设计最小雷达射面为0.005～0.01平方米。在机体上广泛使用了含热塑和热作用的聚合复合材料，再加上最新研制的高强度钴-62222合金，使F-22无论在机体重量还是机体强度上，都有了明显的提高。F-22是美国战机中使用钛合金与复合材料最多的机型，其中钛-64合金约36%。

（2）动力系统：目前服役的F-22战斗机装备2台普拉特·惠特尼公司F119-PW-100低涵道比加力涡扇发动机，单台最大推力104千牛，加力推力156千牛。相对于第四代歼击机使用的发动机，F119在零件数量少40%的情况下能多输出22%的推力，并且采用了推力矢量技术，发动机喷口能在纵向偏转±20°，使F-22具备了极佳的机动性和短距起降性能。

发动机进气道位于机体两侧翼下，该进气道名为嘉莱特进气道，是在F/A-18E/F"超极大黄蜂"上使用的技术十分成熟的进气道。相较于F-15上使用的可调外压四波系进气道，这款进气道的优势在于飞机以超声速飞行时，其产生的激波能使气流进入进气道后变得更均匀，能有效提高发动机进气效率。

1983年，F-22所使用的发动机正式立项研发，只有普拉特·惠特尼和通用电气两家公司参与竞标。1984年，普惠公司和通用电气公司分别拿出发动机设计方案。普惠拿出的是采用低涵道比设计的PW-5000型发动机，代号XF-119，这款发动机能提供156千牛级推力。为了达到预定指标，XF-119使用了耐高温达1100摄氏度的三代单晶涡轮叶片。而通用电气所给出的则是 GE-37 型发动机，代号 YF-120。GE-37 在设计上采用了可调涵道比，其涵道比能在 0～0.25 之间变动。通过调节发动机的涵道比来调整油耗和推力。这款发动机拥有高涵道比的巡航模式和低涵道比的涡喷模式，发动机在高涵道比的巡航模式下更省油，在低涵道比的涡喷模式下，拥有更大的推力。

在试验中，使用 GE-37 的验证机 YF-120 在不开加力就可以超声速飞行。就拿压气机和后涡轮一体化，同前涡轮形成一个可调区这一点，在现阶段是独一无二的。这两款发动机同时在 YF-22 验证机和 YF-23 验证机上所使用，两款发动机都很稳定。不过，美国军方经过周密的评估，认为普惠公司的 PW-5000 型发动机更成熟。1991 年，XF-119 和 YF-22 的搭配在竞标中获胜，但 YF-120 并没有被束之高阁，通用电气公司获得美国空军提供的研发资金，完成了 YF-120 的研发并转入技术储备。

（3）航电系统：中央数据综合处理系统；综合通讯、导航和识别系统 ICNIA 以及包括无线电电子对抗系统的全套进行电子战的设备 INEWS；具备高分辨力的机载雷达 AN/APG-77 和光电传感器系统 EOSS，两个镭射陀螺仪的超黄蜂 LN-100F 惯性导航系统（HHC）。飞行员座舱内的自动仪表设备包括 4 台液晶显示器和广角仪表起飞着陆系统。机载雷

➢ 飞行中的"猛禽"F-22

达为带电子扫描的主动相位阵列雷达。为提高隐蔽性，该雷达设计有被动工作状态，可以在主动雷达关闭的状态下探测 400 千米外的目标，以保证雷达在主动状态工作时其信号不被敌方截获。

（4）武器系统：最大载弹量 6500 千克。固定武器为 1 门 20 毫米 M61A2 火神式六管旋转机炮，配弹 480 发。

空对空模式：6 枚 AIM-120 先进中程空对空导弹，2 枚 AIM-9 响尾蛇导弹或 AIM-132。

空对地模式：2 枚 AIM-120 先进中程空对空导弹，2 枚 AIM-9 响尾蛇导弹或 AIM-132，2 枚 GBU-32 联合直接攻击弹药 JDAM 或 2 枚风偏修正弹药撒布器 WCMD 或 8 枚 GBU-39 小直径炸弹 SDB。

4. 性能数据

（1）基本参数：乘员 1 人，机长 18.92 米，翼展 13.56 米，机高 5.08 米，机翼面积 78.04 平方米；动力系统：两台普惠 F119-PW-100 低涵道比加力涡扇发动机，最大推力为 208 千牛，加力推力 312 千牛，整体空重 16330 千克，最大起飞重量 38000 千克。

（2）参考性能：最大飞行速度 2.5 马赫，巡航速度 1.6 马赫，实用升限 18000 米，最大升限 19812 米，最大航程 4830 千米，作战半径 2177 千米，翼载荷 378 千克/平方米，推重比 1.4，F-22 在 1.7 马赫时稳定盘旋过载可达 6.5g。

5. 服役情况

F-22 因法例的限制而不能出口，美国空军是 F-22 的唯一使用者。八个中队部署在阿拉斯加，此外，有一支 F-22 中队（第 27 中队）部署在弗吉尼亚州的汉普顿市兰利空军基地。

2007 年 2 月，一支 F-22 歼击机中队驻守美国空军位于日本嘉手纳的基地，为期三个月。2007 年 4 月，这支中队的 F-22 战机与日本航空自卫队歼击机展开了联合飞行训练，2007 年 5 月初，F-22 战机分批相继撤离日本空军基地，这是 F-22 第一次在美国本土以外的军事基地驻守。

2007 年 11 月 22 日，1 架隶属阿拉斯加第九十歼击机中队的 F-22 "猛禽" 歼击机首次亮相，这架 F-22 在阿拉斯加上空拦截两架俄罗斯 Tu-

95MS "熊" H 型轰炸机。这也是 F-22 战斗机第一次奉北美防空司令部之命执行拦截任务。

2008 年 7 月中旬至 8 月初，一个中队的 F-22A 进驻美国关岛安德森空军基地，参加 "丛林盾牌" 军事演习。

2010 年，1 个中队的 F-22A 战机正式部署在美国夏威夷希肯空军基地。

2010 年 3 月 26 日晚间，韩国发生 "天安" 号沉没事件。5 月 20 日调查结果公布之后东北亚局势骤然紧张。美国空军宣布，从美国新墨西哥州霍罗曼空军基地，调派 12 架 F-22 歼击机到日本嘉手纳空军基地，临时部署四个月。5 月底，12 架 F-22 战机参与了美国与韩国举行的联合军事演习。

2011 年 1 月 7 日，美国军方宣布，为了突出美国对于重要伙伴日本的防务，决定从美国阿拉斯加空军基地调派 15 架 F-22 歼击机，到美军空军驻日本冲绳嘉手纳基地临时部署四个月。

2013 年 3 月 31 日，为应对朝鲜半岛紧张局势，原本部署在日本嘉手纳空军基地的两架 F-22 隐形战机，降落在韩国西北部的美军乌山基地。4 月 1 日，两架 F-22 战机参加了美韩两国在韩国举行的 "秃鹫" 野外机动联合军演。

2014 年 9 月 22 日，美国和沙特、约旦、巴林、阿拉伯联合酋长国、卡塔尔 5 个阿拉伯国家，于 22 日晚间首次空袭了 "伊斯兰国" 极端组织在叙利亚境内的多个目标。此外，美国空军还单独袭击了 "呼罗珊集团" 极端组织在叙利亚西部的目标。在所有参战的战机中，"猛禽" F-22 是最受外界关注的战机。这是自 2005 年 12 月 15 日 F-22 歼击机正式服役以来，第一次参加实战。

"闪电"：F-35歼击机

"闪电" F-35 联合攻击歼击机，是一款由美国洛克希德·马丁公司研制的单座单发多用途歼击机。F-35 主要用于防空截击、前线支援及对地、对海攻击等多种任务。F-35 拥有先进的电子系统，具备优异的隐身性能和一定的超声速巡航能力。F-35 是世界上最大的单座单发舰载歼击机和第一种进入现役的第五代舰载歼击机。

➤ F-35 歼击机

1.研制背景

F-35 起源于美国"联合攻击歼击机计划",其目的是为了替代美国空军的 F-16、美国海军的 F-14、海军陆战队的 AV-8 以及英国皇家海军的"鹞"式歼击机等 4 种日渐过时的军机。该计划是 20 世纪美国最后一个重要的军机研制和采购项目。美国军方给 F-35 项目的定位是低成本的武器系统。这是因为 F-22 这种先进战机研制成本高,完全依靠这种高性能且价格昂贵的战机组成歼击机部队,即便是财力雄厚的美国也感到难以承受,况且 F-22 因法例的限制而不能出口。美国军方为了解决采购经费与所需歼击机数量之间的矛盾,借鉴以往"高低搭配"的方案,F-35 就成为这种"高低搭配"的候选对象。在此计划中,美国各军种改变以往各自为政独立研制战机的做法,整合资源共同研制一种性能高、用途广且价格相对低廉的歼击机。

2.建造历程

1993 年,美国国防部启动了"联合先进攻击技术"(简称 JASF)验证机研究计划,并于 1994 年 1 月成立了 JASF 研究计划办公室。当时,美国空军、海军、海军陆战队的 F-16、F-14、AV-8 几个机种已服役多年,需要更新换代。美国国防部经过周密的研究,决定研制一种多军种通用的轻型战斗攻击机系列，以更新空军、海军、海军陆战队的几种过时的战机。与此同时，英国的"鹞"式歼击机已服役 25 年，日渐老旧亟待更新。英国提出加入此项计划，用这种飞机替换"鹞"式系列歼击机。美国国防部为了整合资源、集中精力、突出重点，将正在进行的美海军"联合攻击歼击机"JAF 计划和国防高级研究计划局"通用低成本轻型歼击机"CALF计划也纳入 JASF 计划中，于 1996 年 3 月将 JASF 计划正式更名为"联合攻击歼击机计划"。该项目于 1996 年 11 月 16 日正式启动。

F-35 外形与 F-22 极为相似，是 F-22 的单引擎缩小版。十年磨一剑，2006 年 12 月 15 日，第一架空军版 F-35A 在德克萨斯州首飞成功；2008年 6 月 11 日，海军陆战队垂直起降型 F-35B 进行了第一次试飞；2010 年3 月，F-35B 垂直起降试验成功；2010 年 6 月 6 日，海军舰载型 F-35C在德克萨斯州的沃斯堡进行第一次飞行；2013 年 6 月，F-35 制造商洛克希德·马丁公司向美国海军交付首架 F-35C 航母舰载型。

F-35 将会成为美国及其同盟国未来最主要的第五代歼击机之一。2015 年 2 月 9 日，一个中队的 F-35A 在英国皇家空军中编列服役；同年6 月 28 日，第一架 F-35 在日本生产下线；2017 年 5 月，美军空军一个中队的 F-35A 战机首次在声速峡谷展开训练。

3. 结构特点

（1）隐身设计：F-35 的气动布局与 F-22 相似。F-35 的隐身设计方面有很多 F-22 的影子，例如机体表面的连续曲面设计，F-35 的头向 RCS（雷达反射面积）仅为 0.065 平方米。F-35 的挂弹方式采用内挂式，在一定程度上缩小了 RCS 面积，隐身性能更加优越。在红外隐身技术方面，该机尽管牺牲了 2% ～ 3% 的推力，但是将尾喷管 3 ～ 5 微米中波波段的红外辐射强度抹去了 80% ～ 90%，同时红外辐射波瓣的宽度也有所缩短，增大了红外制导空空导弹的攻击难度。

（2）座舱设计：F-35 歼击机具有 3 种型号，但是它们的座舱几乎一致，只是 F-35B 有特殊的短距起飞及垂直降落功能，因此在座舱内多配备了一套相应的控制系统，这是 F-35B 的座舱与其他两者座舱唯一不同的地方。F-35 座舱内装配的是彩色多功能液晶显示器，因此显示的文字和图像的清晰度非常高。F-22 是采用的多功能显示器，而 F-35 的仪表板

➤ "闪电"——F-35歼击机座舱

它是一个为 8×20 英寸的大型全景多功能显示器（MFDS），这是至今歼击机上最大的显示器。MFDS 不仅能指示传感器、武器和飞机状态数据，战场环境、战术和安全信息也能在上面显示出来。F-35 的头盔显示器系统（HMDS）抛弃了传统的平视显示器（HUD），采用了视觉系统国际（VSI）公司研制的系统，HMDS 系统是将光电系统与飞行员头部位置跟踪装置搭配起来，及时将关键的飞行状态数据、任务信息、威胁和安全状态信息反馈给飞行员。

为了满足 21 世纪歼击机飞行员的需求，洛克希德·马丁的设计师为 F-35 设计了一个与众不同的全新的座舱。工程技术人员大幅减少座舱内的按钮和开关数量，其目的是减轻飞行员的负担。此外机载核心综合处理器还能过滤许多不必要的信息，确保传递给飞行员的都是和当前任务紧密相关的信息，确保飞行员能集中精力运用战术。

（3）动力系统：F-35 安装的是一台普惠 F135-PW-600 涡扇发动机，推力为 125 千牛，加力推力可达 191 千牛，是人类历史上第一型推重比大于 10 的航空动力装置。F135 发动机的核心机与 F119 发动机大致相同。但 F135 发动机的空气流量和涵道比有所提升，提高了推力的同时发动机的工作温度也相应增加；在实现短距起飞和垂直着陆能力时，F135 发动机新颖独特的升力风扇＋发动机喷管下偏＋调姿喷管的垂直起降动力方案，可调整喷管的推力从水平方向转换到垂直向下。F135 发动机的整个推进系统的长度为 9.37 米，这是包括主发动机在内的总长度，F135 发动机在悬停和短距起飞时推力可达 191 千牛。

（4）航电系统：F-35 有四大关键机载电子系统——诺斯罗普·格鲁曼公司的 AN/APG-81 有源相控阵雷达和光电分布式孔径系统（EODAS）、英航宇系统公司的综合电子战系统及洛克希德－马丁公司的光电瞄准系统（EOTS）。其中 EODAS 由分布在 F-35 机身的 6 套光电探测装置组成，可实现 360° 的环视视场；EOTS 具有高分辨率成像、自动跟踪、红外搜索和跟踪、激光指示、测距和激光点跟踪功能。AN/AGP-81 型主动电子扫描阵列雷达是所有型号的 F-35 通用的。这种雷达具有边搜索边跟踪功能，具备向飞行员提供超高分辨率的合成孔径雷达地图测绘（SAR）和地面移动目标指示（GMTI）的能力，可使 F-35 获得出色的对地攻击能力。

（5）武器系统：固定武器为一具 GAU-22/A 四管加特林机炮，储弹量 180 发；两个内置弹仓，可携带两枚 AIM-120C 中距空空导弹和两枚 1000 磅激光制导炸弹，载弹量 6000 千克。

4.性能数据

（1）基本参数：乘员 1 人，机长 15.67 米，翼展 10.7 米，机高 4.33 米，机翼面积 42.7 平方米，动力系统：1 台普惠 F135-PW-600 涡扇发动机，最大推力为 125 千牛，加力推力 191 千牛，整体空重 13300 千克，最大起飞重量 31800 千克。

（2）参考性能：最大飞行速度 1.6 马赫，实用升限 18288 米，最大航程 2800 千米，作战半径 1100 千米（A 型）、850 千米（B 型）、1200 千米（C 型），翼载荷 526 千克／平方米，推重比 1.07。

5.总体评价

　　F-35 的隐身性能、超声速巡航、超机动和网络战能力使世界空战进入新的境界。作为一种多用途歼击机，F-35 可能将执行最为复杂的作战任务：从争夺制空权、防空截击到空中支援，再到对地、对海攻击。所以，在 F-35 的人机界面设计上，工程人员可谓是费尽了心思，让 F-35 的显示系统可以在两种模式中自由切换。随着科技的飞速发展，触摸式显示器这一控制技术首次在 F-35 上应用，F-35 的飞行员不仅能通过触摸式显示器对机载无线电系统轻松驾驭，也可以对识别、导航及任务系统的计算机进行控制。F-35 比其他歼击机最具优势的还是隐身能力，隐身性能配合被动电子扫描系统，使其在空战中能够隐蔽接敌，并能够在雷达不开机的情况下发射空空导弹。然而，F-35 也有不足之处，由于军方对 F-35 技术要求不高，最高飞行速度仅 1.6 马赫，超声速巡航能力也不高。但 F-35 拥有精确的气动布局，再加上先进的飞控计算机，使得 F-35 具有优异的机动性能。

　　虽然美国是 F-35 主要的购买国与资金提供者，但加拿大、英国、意大利、日本、荷兰、挪威、丹麦、澳大利亚和土耳其也为开发计划提供了经费。总开发费用突破 400 亿美元，主要由美国付账。美国空军计划采购

➢ "闪电"——F-35 航母三机起飞图

2400 架 F−35，9 个主要参与国计划在 2035 年前购买 3100 架 F−35 战机。2009 年以色列和新加坡也就采购 F−35 与美国进行了谈判。

俄军骄傲：苏−57歼击机

苏 −57 歼击机，是俄罗斯空军单座双发隐形多功能重型歼击机，是俄罗斯唯一一款第五代歼击机，具备隐身性能好、起降距离短、超机动性能、超声速巡航等特点。一直以来，被许多人认为是俄罗斯与美 F−22 歼击机抗衡的利器。

1. 研发背景

20 世纪 70 年代，苏联苏霍伊飞机实验设计局推出了著名的 Su−27 歼击机，Su−27 在气动技术上超越了美国的 F−15 歼击机。20 世纪 80 年代末，苏联又开始研发新一代歼击机 Su−35，取代了当时的米格 −29 歼击机和苏 −27 歼击机。20 世纪 90 年代初，苏联解体，由于俄罗斯无力独自承担新型歼击机高昂的研制费，研制工作一度停滞。20 世纪末 21 世纪初，美国 F−35 歼击机出现，其隐身性能、超声速巡航、超机动和网络战能力使世界空战进入全新的模式，大大拉开了航空技术的差距。俄罗斯空军又一次面临来自美国的沉重压力。

在此之后，俄罗斯军方提出未来航空兵五大计划，其中未来前线航空系统 PAKFA 就是 "I−21" 计划下研制的俄罗斯第五代歼击机 T −50（另外四个航空计划为：未来远程航空系统，PAKDA；未来运输航空系统，PAKTA；未来截击航空系统，PAKDP；未来强击航空系统，胡蜂 −EP 计划）。

2. 建造历程

进入 21 世纪，俄罗斯军方委托苏霍伊飞机实验设计局，研制名为 PAK−FA 未来前线歼击机系统的第五代歼击机，PAKFA 有一个较小版本用于俄海军航空部队，即 PAKKA——未来舰载航空系统。2002 年，苏霍伊设计局得到 "未来战术空军战斗复合体"（即 PAK−FA）发展项目开发资格，该项目集苏 −47、米格 1.44 两种机型之长，整合出了俄罗斯新一代

➤ 苏 -57 歼击机

歼击机 T-50 原型机。改机试飞时间原定于 2008 年，但由于 2008 年 T-50
尚处于设计阶段，试飞时间后来延期至 2009 年 8 月。然而，到 2009 年 5 月，
负责发动机的留里卡 - 土星公司暂停研发，试飞计划不得不再次延期。

　　根据 T-50 新型歼击机试验大纲的要求，从 2009 年 12 月 25 日起至
2010 年 3 月 27 日，T-50-1 全尺寸试验机共进行了 6 次试飞。为方便运输，
样机被局部分解，运往莫斯科郊外的茹科夫斯基空军基地。T-50-1 样机
重新组装后，于 2010 年 4 月 28 日进行了第 7 次试飞，并分别于 5 月 15 日、
5 月 26 日和 6 月 5 日再次进行了 3 次试飞。

　　2010 年 6 月 18 日，T-50-1 完成了第 17 次试飞。2010 年 8 月，印度
国防部及其飞机制造商印度航空公司到访俄罗斯观摩 T-50，T-50-1 密集
的飞行试验项目重新启动进行演示。

　　2010 年 12 月底，第二架样机 T-50-2 也加入了飞行试验项目的行列，
2011 年 5 月另外补充两架 T-50 用于飞行试验。T-50 在莫斯科郊外的茹
科夫斯基飞机的试验持续至 2012 年。随后俄罗斯军方对 T-50 进行了状态
验证和初始评估。

3.性能特点

苏–57歼击机超声速巡航速度为1450千米/时，最高飞行速度2600千米/时，苏–57能实现机动性能和隐身性能的良好结合，具备优异的空中格斗能力和对地攻击能力。苏–57拥有隐身性能好、短距离起降、超声速巡航、超机动性能等特点。

（1）气动结构：苏–57在气动结构设计方面，最明显的特征是机翼前缘延伸部分加装的边条翼，这是一个设计上的创新，起到可控涡升力的作用。苏–57的主翼为三角形，其后掠角为48°，机翼后缘的后掠角设计为10°，机翼加装了两组双侧升降副翼。水平尾翼的外形与主机翼相似，双垂直尾翼为整体式设计，尺寸较小，向外侧倾斜角约26°。

（2）隐身设计：苏–57歼击机机头、机舱、进气道等都采用了独特的形状设计，保证了飞机对雷达波的低可探测性，降低雷达反射面，增强隐身效果。苏–57外形布局与F–22相似，放弃了鸭翼，改为常规边条翼布局；采取了保守但实用性较强的菱形翼传统布局。菱形翼是平衡隐身、机动、航程等方面要求的较好方案。

（3）驾驶舱设计：该机采用几何可变适应弹射椅以60°角的倾斜，着重考虑飞行员的驾驶舒适性，使飞行员能够在极高的重力荷载下有效控制飞机。苏–57机身设计扁平，机翼面积大，翼载荷低，使其具备较大的升力系数。从这一方面来说，苏–57更像美国YF–23。

（4）动力系统：苏–57歼击机采用两台留里卡土星公司生产的AL–41F1–117S加力涡扇发动机。该发动机增大了进气道直径。

（5）航电系统：苏–57歼击机的航电设备与以往机型相比有了质的飞跃。苏–57装备了新型电子侦察和电子对抗系统，可以在不打开本机雷达的情况下，发现敌方目标并实施电子干扰。苏–57的电子战系统和对红外制导弹头的抑制系统能更好地保护其不被防空系统发现。苏–57装备了先进的飞控系统，使得飞行员对飞机的指挥控制完全实现了数字化。

（6）武器系统：固定武器为1门30毫米GSH–30–1航空机炮。苏–57歼击机可携带10000千克各式武器。在执行不需要隐身的战斗任务时，苏–57可外挂智能炸弹及导弹。

➤ 苏 –57 俯视图

4.性能参数

（1）基本参数：乘员 1 人，机长 19.8 米，翼展 13.95 米，机高 4.74 米，机翼面积 78.8 平方米。

（2）动力系统：2 台 AL–41F1–117S 加力发动机，整体空重 18000 千克，最大起飞重量 35000 千克。

2011 年 8 月，苏–57 战机参加了莫斯科的国际航展；2012 年 8 月 12 日，该机还参加了俄罗斯空军成立 100 周年庆祝活动。2017 年 8 月 11 日，俄罗斯空天军总司令邦达列夫表示，正在测试的俄罗斯第五代歼击机 T–50 正式命名为"苏–57"。第五代战机的第一阶段测试于 2017 年 12 月结束，随后开始第二阶段测试，按计划于 2019 年开始小批量生产。